U0169511

大熊猫

生态文明

陈能文 著

华中科技大学出版社
http://www.hustp.com
中国·武汉

图书在版编目（CIP）数据

大熊猫与生态文明 / 陈能文著 .—武汉：华中科技大学出版社，2022.1
ISBN 978-7-5680-7768-2

Ⅰ . ①大… Ⅱ . ①陈… Ⅲ . ①大熊猫 – 生境 – 研究 Ⅳ . ① Q959.838.08

中国版本图书馆 CIP 数据核字（2021）第 238702 号

大熊猫与生态文明
Daxiongmao yu Shengtai Wenming

陈能文 著

策划编辑：饶　静
责任编辑：饶　静
封面设计：琥珀视觉
责任校对：王亚钦
责任监印：朱　玢
出版发行：华中科技大学出版社（中国·武汉）　　电话：(027)81321913
　　　　　武汉市东湖新技术开发区华工科技园　　邮编：430223
录　　排：华中科技大学惠友文印中心
印　　刷：湖北新华印务有限公司
开　　本：880 mm×1230 mm　1/32
印　　张：5.125
字　　数：109 千字
版　　次：2022 年 1 月第 1 版第 1 次印刷
定　　价：42.00 元

本书若有印装质量问题，请向出版社营销中心调换
全国免费服务热线：400-6679-118　竭诚为您服务
版权所有　侵权必究

目 录
Contents

上 篇

大熊猫的生存与发展 / 001

中 篇

自然保护区生态探索 / 75

下 篇

践行生态文明 / 111

上篇：大熊猫的生存与发展

第一章　大地精灵

今天，人类社会进入空前文明时期，科学文化飞速向前发展，人们正在开发、改造、利用大自然。同时，大自然也向人类提出了严峻的挑战。人口的迅速增长、环境的污染、物种的逐步减少……已经越来越引起人们的忧虑。

物种是指具有一定形态和生理特征，而且在一定的自然分布区的生物类群。目前，不少物种都在消失。

问题的严重性在于，正在消失的物种很多恰恰是人类对其了解甚少的生物。20 世纪 80 年代，动物明星大熊猫似乎也正在步那些灭绝物种的后尘，于 1984 年被世界自然基金会列为 10 种濒危动植物之首。1993 年，美国提出世界上濒临灭绝的十大物种新名单，大熊猫再次名列榜首。

　　大熊猫是哺乳动物中的一员。据科学家考证，一般哺乳动物的头骨，顶是平的，而大熊猫与众不同，头盖骨呈"人"字拱状，眼眶同颧骨是相通的，体型曾比较小，后来个头普遍变大。

　　从早先大熊猫是小体型、幼兽尾巴长、前臼齿发达、没有盲肠等特征来看，它的原初祖先无疑是一种古食肉动物。从过去发现的大量化石分析，大熊猫是适应咀嚼植物性食物的，在更新世早期已经具有臼齿增大、颅骨组织增厚、咀嚼肌肉发达等特征。

　　如果大熊猫的祖先是一种古食肉动物，为什么大熊猫要改变原先的生活习惯成为杂食动物呢？这可能是受客观条件的影响。现有的科学资料表明，当生物演进到新生代第三纪，从前占统治地位的爬行动物迅速绝迹，代之而起的哺乳动物则开始迅速演化。到第三纪晚期，地球运动将北美大陆向西推移，在阿拉斯加和西伯利亚之间的辽阔海域平添一座陆桥，成为生物的走廊，使北美和欧亚大陆的生物不断混杂，动物区系减少。加上大型肉食动物不断出现，弱肉强食的情况加剧，哺乳动物的种类开始锐减。这时憨态可掬的大熊猫，虽然力大体粗，但行动蹒跚，得到猎物的机会一天比一天少。面对这一现实，为了能生存下去，它不得不改变口味，慢慢习惯以植物为主食的生活。

　　大致在 600 万年前，大熊猫已完全演化成以素食为主的杂食性动物。在竹子食料缺少的情况下，北京动物园除了给饲养的大熊猫喂牛奶等精料外，曾经还喂青玉米秆和鲜芦苇。一开始，多数大熊猫对吃芦苇不大适应，经过一段时间的训练以后，它们吃芦苇的量并不比吃竹子的量少。这些都说明大熊猫在演变的过程中有过一段素食生活的历史。

不料时过境迁，从侏罗纪早期，到中生代后期，全球气候环境温和，发生了季节性变化，随后在植物界引发了大分化，被子植物中出现了落叶种。尔后，熊科动物面临落叶萧萧的严冬，只好像人修道练功那样，躲到僻静的洞穴内"静卧"，不吃不喝，用冬眠的方式来把能量消耗减少到最低的程度，以弥补因食物匮乏引起的营养不良。而聪明的大熊猫则采取更积极的态度，去适应变化着的环境。什么东西能吃，它就吃；哪里有吃的东西，它便在哪里生活；看见竹子四季常青，容易采食，它便挑选竹子做主食。

第二章　命中注定

·大熊猫家族

大熊猫是那样叫人怜爱，从古至今，人们都热心饲养它。我国汉代的皇家园林上林苑里饲养的动物中就有大熊猫。当今，中国先后有不少城市的动物园饲养过大熊猫。

1993 年，当时国内饲养的大熊猫还活着的，有 100 只以上，大体上雌雄各半，阴阳基本平衡。

一雌一雄，阴阳对等，应该是多子多孙的。这是世人对大熊猫的繁衍最殷切的期望。

天如人愿否？这个问题，只有用事实来回答。

20 世纪 90 年代，北京动物园的大熊猫家族，算是当时最大的大熊猫家族，也是饲养大熊猫中最早生育后代的家族，早在 1963 年就开始繁殖幼崽。它们生崽，一代接一代。当时在 20 余只大熊猫中，有生育能力的雌性里，老一辈有莉莉、娇娇、芳芳、园园和娟娟，年轻一代有芳芳的女儿岱岱、娟娟的女儿丹丹及岱岱的女儿文文。它们一共生了 29 胎，当中 18 胎是双胞胎，计有 46 只幼崽。

当时，鉴于雄性大熊猫大都失去了交配能力，1978 年，专家们着手对雌性大熊猫进行人工授精试验。给娟娟施行人工授精后，它一胎产下 2 只幼崽，1981 年又产下 1 只幼崽，也就是丹丹。丹丹成熟得早，1986 年春天接受了人工授精，当年 9 月刚刚满 5 岁就当了妈妈。它的幼崽叫乐乐，刚一落地，丹丹就去含抱。可惜，它第一次当妈妈，没有经验，费了很大劲才把小宝贝叼起来。有时候因为没抱好，小宝贝摔落在地上，它很心疼，赶快又重新叼起来，搂在怀里。由于丹丹食欲好，产后身体恢复快，乐乐生长发育良好，很快就长成一个漂亮的"大熊猫小姑娘"了。芳芳的女儿岱岱长大后，从 1982 年起开始接受人工授精，产下 3 胎，一共 6 只幼崽，仅存活 1 只幼崽，名叫文文。1987 年，文文通过人工授精，产下 1 只幼崽。

成都动物园于 1953 年开始饲养大熊猫。因北京动物园已有了人工繁殖大熊猫的先例，其他各地动物园也积极繁殖、培育下一代大熊猫。成都动物园的科研人员便加快了人工繁殖大熊猫的科研步伐，于 1980 年 9 月人工繁殖出第一胎大熊猫幼崽。当时园内饲养的大熊猫中有生育能力的，雄性有强强、6号、9号、10号和越越；雌性有美美、果果、苏苏，美美的女儿锦锦、庆庆、成成，以及果果的女儿冰冰。从1980年起的10多年里，7只雌性大熊猫共生了22胎，计有30只幼崽，活到半岁以上的有17只，成年的有5只。这5只中有3只是美美的孩子。

美美是世界有名的大熊猫"英雄妈妈"。1972年，它在四川南边大凉山美姑县一带出生，1975年来到成都动物园。1980年它便当妈妈了。美美的母性特别强，幼崽出世以后，它一天到晚都将其抱在怀里，拉屎撒尿也要用嘴巴含着，一两个月不让幼崽离身，硬是当成心肝宝贝在照料。到1992年，它已经是"坐月子"9次、生育了11个儿女的妈妈，以及有11个外孙的外祖母。这一年，它已是20岁高龄，由于年岁偏大，患有关节炎等多种疾病，不能弯腰久坐，哺育幼崽已非常困难。

为防万一，专家不得不果断采取措施，从它怀中拿走幼崽，进行人工育幼。对于繁衍大熊猫种族来讲，在世界上饲养的大熊猫中，恐怕谁也不及它的功劳大。它最后生的"幺女子"，刚产下只有80克重，轻得不能再轻了。人们都担心这只幼崽难以成活，可是在科研人员及它"四姐"庆庆的精心哺育下，这只幼崽长得出人意料的好。可惜，美美于1992年因患大叶性肺炎医治无效，离开了人间。

美美的3个成年"女儿"也是生崽能手。

"二公主"锦锦很能生，于1987年开始生育，3年连生3胎，后两胎都是双胞胎。令人遗憾的是，它却不会带幼崽，胎儿下地，它被吓住了，跑得远远的。幼崽饿了，哭叫着向它爬拢，它会怯生生地拿爪子将幼崽拨开，也不让幼崽吸它的奶水。无奈，只好由饲养员帮它育幼。初生幼崽乳毛稀疏，体温不恒定，饲养员只好将它放进育婴箱。那育婴箱宽大，空荡荡的，幼崽在里面乱爬乱拱，饲养员必须一天24小时守护它，随时用手抚摸它。有时到了深更半夜，饲养员困极了，昏昏而睡，幼崽便可能从饲养员的手下挣脱。当被它的叫声惊醒过来后，饲养员才发觉大熊猫幼崽不在手里了。于是，饲养员像带小奶娃那样，用毛巾将幼崽包好，抱在怀里，以人的体温暖它的身。饲养员怀抱大熊猫幼崽，成天待在产房内，倒有点像在"坐月子"。

幼崽尿水多，常常把尿撒在饲养员的怀里，弄脏他们的衣服，但饲养员仍乐滋滋的，从无怨言。1989年，锦锦生第三胎，产下2只幼崽。3年后，美美第八次"坐月子"，生下一个"小弟娃"。见到锦锦的前两只幼崽因吸不到母乳缺乏免疫力而夭折，于是科研人员和饲养员商量，趁美美困倦瞌睡时，用锦锦的幼崽去调换它怀里的幼崽，让它的外孙吸点外婆的奶汁，增强体质。

不料，美美却不近人情。

一次，当饲养员去换的时候，不知是触动了它，还是它不乐意外孙老是吸它的奶，美美在饲养员换幼崽时向人猛扑。当时，它正在盛怒之下，向人扑来时便撂下了怀中的幼崽。而饲养人员见它来势凶猛，慌忙躲避，在躲避中不慎将准备替换的大熊猫幼崽掉在了地上。一刹那间，美美自己生下的小儿子和外孙都在它的脚下丧命了。不久，锦锦得癌症死去，它短暂的一生，生下5个儿女，一个也没养活，实在叫人痛惜。

庆庆是美美的"四公主"。它母性强，会生孩子，也会养孩子。1989年，它生下第一胎，取名叫星星。1990年生第二胎时，星星已长到40公斤重。它的第二胎是双胞胎，一雌一雄，出生时，雌的体重有150克，雄的体重有140克。庆庆像它妈妈那样充满母爱，对双生崽爱不释手，双双搂在怀里，活像尊"送子观音"。后来幼崽一天天长大，它再也无法同时抱两个，便轮换着抱，时而抱这个，时而抱那个，即使睡着了，也怀里搂一个，身边放一个。

为了不让庆庆过度疲劳，专家决定轮流抱出幼崽，人工进行哺养。饲养员吸取过去的教训，这回不直接从它手中换走幼崽了，而是乘其不备，轮流换走它放在身边的幼崽。起初，庆庆发现身边的幼崽没有了，有些怅然若失，四处寻找。后来日子一长，它识破了人的计谋以后，也就不以为意了，乐意让人将幼崽抱走。

成都动物园为庆庆的两只幼崽发起征名活动。经名称评审委员会评定，雌性幼崽的名字为娅娅，雄性幼崽的名字为祥祥。

1992年，娅娅和祥祥满两周岁时，成都动物园为它们举行了生日庆典。娅娅和祥祥长得一模一样，活泼可爱，成天打闹得没完没了。它们是当时世界首例人工繁殖饲养成活的大熊猫双胞胎，得到国内外动物学者的广泛关注。1992 年，庆庆又生了一对双胞胎。看来，它很有可能继承它妈妈"英雄妈妈"的美名！

大熊猫果果在成都动物园的名气不大。但从生育的先后顺序来讲，除了美美，它是第二只在成都动物园产下幼崽的大熊猫。1984 年，果果生第一胎，产下 1 只幼崽，未成活。1986 年，专家用冷冻精液对其进行人工授精，怀孕 153 天后，它顺利产下 1 只幼崽。临产前，腹中胎儿躁动，曾使它心神不安，不思饮食，烦躁得不停地敲打墙壁上的铁皮，似有一种紧张感。直到 120 克重的胎儿呱呱坠地以后，它的紧张状态才缓和下来。当幼崽一落地，果果哪管分娩的痛苦和劳累，立即翻身将幼崽搂在怀里，用舌头不停地舔。因幼崽诞生时天气酷热，要用冰块给产房降温，加上它是用冷冻精子受孕而生的，故给它取名为冰冰。它刚满月，专家就鉴定出其是雌性。果果生怕有人夺走"爱女"，进餐时也要抱住，不肯腾出手来，要等饲养员一瓢一勺地喂它。

以前，果果的脾气很好，从不对人发怒。可它产下幼崽以后，可能是爱崽的缘故，性情一下子变了，饲养员送吃的去它的居所，须先打招呼才行。否则，它会大发雷霆，甚至动武。很遗憾，果果没有看到女儿长大就得病死了。1988 年，冰冰长到两岁多时，患了一次急性出血性肠炎，危在旦夕。动物园的兽医会同中国人民解放军成都军区总医院（现为中国人民解放军西部战区总医院）的专家，给冰冰会诊，经过 15 个小时的急救治疗，冰冰转危为安。冰冰很快就恢复了健康，也恢复了它那活泼好动的天性。以后，冰冰一直健康成长，于 1995 年生下一只幼崽，母子安康。果果虽然早逝，然而有幸没有绝后。

1992 年，成都动物园的大熊猫创下了高产世界纪录，一个多月里共计有 5 只幼崽出生。当年 7 月 26 日凌晨，第 25 届奥运会在西班牙巴塞罗那城隆重开幕之际，成都动物园 8 岁的大熊猫苏苏产下了幼崽。当时的国际奥委会主席萨马兰奇为苏苏的幼崽取了一个与那届奥运会吉祥物相同的名字——科比。8 月 26 日，动物园给"科比"举行满月庆典，为它的成长祝福。苏苏奶水充足，由着幼崽吸。它很疼爱"科比"，又注意清洁卫生，见"科比"身上有一点屎尿，马上给它舔干净。因此，"科比"发育良好，满月时体重由刚生下时的 200 克增长到了 1568 克。

·一阳和多阴

20 世纪 80 年代，在成都动物园的大熊猫中，还有一只声名远扬的雄性大熊猫，它的名字叫强强，是一个体魄健壮的"美男子"。当时，在国内，除了北京动物园，其余的动物园和自然保护区饲养场有生育能力的雌性大熊猫，差不多都向它求过爱。可以说，它的儿女数量比哪一只大熊猫都多。若在大熊猫中评选"英雄爸爸"，强强当之无愧。

1987年冬，上海动物园的相关领导冒着严寒，不远千里来到四川大熊猫之乡卧龙国家级自然保护区考察。他们在那里详细了解了大熊猫的生活情况，特别关注气候和环境对大熊猫繁殖的影响。他们发现著名风景区江西庐山的气候与卧龙国家级自然保护区有许多相似之处，于是决定在庐山建立大熊猫繁殖研究基地。为攻克大熊猫自然交配受孕困难的难题，他们又与上海科技大学生物系工程研究室建立了协作关系。经过几年的努力，1992年5月，名叫白梅的雌性大熊猫到成都动物园求婚，与强强交配成功，怀了孕。

原本预计白梅将在当年九、十月分娩。不料，那一年庐山出现了历史上罕见的极端气候，时雨时晴，早晚温差达17摄氏度，使白梅提早在8月分娩，生了一只体重130克的雌性幼崽，幼崽名"星月"。产后第8天，幼崽正在襁褓中，白梅突然发生呼吸道感染，病情无法控制。最后，白梅因肺功能衰竭死去。为保住星月这个来之不易的小生命，专家们只有选择人工哺育一策。女工程师王荣培像星月的妈妈那样，终日将它搂抱在自己的怀里，按时喂吃的，生怕它受饥寒。结果，星月还是得了呼吸道感染病，身上皮肤发紫，出现缺氧症状。

在这危急关头，当时的人民解放军福州部队五一疗养所闻讯，立即伸出援救之手，专门让出一间高级疗养室用作抢救病房，又派最好的医生，用最好的药品对其进行抢救治疗，星月才转危为安。

可是 11 月 1 日这天，星月又发病了。

为了让星月安全过冬，当它身体好转后，专家们决定将它运回上海。谁知在长途运输中，因装运设备透风性不好，星月竟在途中中暑休克。经过几个小时的抢救，星月才又死里逃生。星月一到上海就被送进儿童医院，儿科主任亲自为这个特殊婴儿治疗，还给它准备了一个特殊的暖箱。星月在这里得到了很好的治疗，12 月 2 日出院回到动物园，居住在特殊饲养室内，每天以增重 100 克的速度健康成长。

然而不幸的事还是发生了。它只活了 7 个月，最终没有逃脱死神之手。

重庆动物园有两位母性强的大熊猫"小姐"，一个叫松松，一个叫南南，它们都同强强有过一段爱情。松松 1984 年春天来成都动物园同强强度了 3 天蜜月，当年秋天生下一只幼崽。幼崽从一生下来它就抱着，3 天不休息。因疲劳过度，昏昏入睡，松松不慎将放在颈部的幼崽压出了血。南南 1977 年从阿坝藏族自治州南坪县来重庆动物园落户，当时它只有 4 岁，直到 1985 年才开始生育。这一年春天它到成都动物园与强强"求爱"，于当年产下一只幼崽。南南中年得崽，爱之情切，产后一个多月里，它一直将幼崽捧在怀里，寸步不离。幼崽取名为"渝渝"，新生时身长不足 3 寸，体重不过 100 克，经南南辛勤哺育，每天增重 100 克以上。

1986 年 3 月，松松来到成都动物园，随后南南 4 月来到成都动物园，它们先后接受人工授精，秋季双双"坐月子"，共生3胎，有2只幼崽存活。以后，1987年至1990年，几乎每年春天南南和松松都要去成都。1990年松松生下一只幼崽，体重50克，只存活了7小时。南南小便排出一摊黑水，所孕之胎化为乌有。自此，很长一段时间里，重庆动物园的大熊猫繁殖计划便偃旗息鼓了。

福州动物园的科研人员坚持开展大熊猫繁殖研究工作，经过近10年的努力，大熊猫青青于1986年春节期间来到成都动物园，与强强交配。大熊猫的发情期一般是在4月至5月，提早两个月，这在大熊猫繁殖史上十分罕见。青青在当年产下2只幼崽，只存活1只幼崽，雌性，取名为"榕榕"。在动物园饲养员的精心养护下，榕榕从出生时鼠状、满月时的兔状变成小狗状，发育健康，可爱极了。

青青的母性很强，每天都把幼崽抱在怀里，经常舔它，吻它。以前，青青爱躺着睡觉，产下幼崽以后，经常把幼崽抱在怀里，坐着打盹。有时候它太疲倦了，想躺一会儿，可是榕榕一叫唤，它立刻起来抱着榕榕。青青有4个乳头，奶水充足，只要榕榕一叫唤，它便把乳头轮流塞到幼崽的嘴巴里。

1987年夏天，青青又产下一对双胞胎，也只有1只幼崽存活。1988年，青青生第三胎，未养活。1989年，青青生第四胎，产下1只幼崽，取名为"星星"。星星在母腹里只有80多天，胎期短，刚出生的体重只有93克，然而它长得很好，满一岁时体重就有51公斤，是当时世界上长得最快的一只大熊猫幼崽。

在西安动物园，世间罕见的棕色大熊猫丹丹，生了一个美丽的"金发后代"。那是 1980 年，秦岭大熊猫栖息地的竹子成片开花枯死，给大熊猫带来了饥荒。第二年春天，北京大学生物系的一批师生来到陕西省佛坪自然保护区，考察野外大熊猫的生活环境，以及受灾情况。1985 年 3 月，几位师生正在岳坝乡东河口寻找大熊猫活动的踪迹。大古坪村的村主任急冲冲赶来，说他在河边竹林里发现一只大熊猫。大家随村主任一阵风似的跑到河边，果然看到一只大熊猫正待在竹林下。但是它不像常见的大熊猫那样毛色黑白分明，身上竟一根黑毛也见不着，四肢、肩膀、耳朵、眼圈和其他部位的毛都是浅棕色的。一位同学伸手想去抚摸它，它惊叫着撒腿就跑。可它还没跑出 40 米远，就踉跄着倒在地上。

这时，天色渐晚。师生们不愿舍弃它赶回驻地，便点起篝火，就地守护它。在亮堂的火光下，他们发现那只大熊猫枯瘦如柴，肌肉在不停地抽搐。大家折来嫩竹枝送到它嘴边，它也不感兴趣。又端一盆糖水过去，被它一掌打翻。后来，大家用竹竿夹上水果糖，慢慢送到它嘴边，几经努力，它才解除疑惧，张口尝尝。它知道人无意加害自己后，也开始喝送去的糖水了。第二天，村主任杀了一只肥母鸡，熬了一大锅鸡汤给它喝，它的身体情况有所好转。佛坪自然保护区的兽医赶来，又为它做了一番治疗。当它的身体得到初步恢复后，大家把它送到佛坪县城，由专人精心护理，很快它就体态丰满了。专家给它取名叫"丹丹"，谐音"单单"，有举世无双之意。当时，丹丹年龄不到 10 岁，正值最佳生育期，有关部门决定将它送到西安动物园，与雄性大熊猫弯弯做伴侣。可是，弯弯不这样想。它没有找伴侣的欲望，让丹丹空等了 4 年。

1986 年春天，大家便送它南下到成都动物园找配偶。不知是因为它长得特殊还是别的缘故，成都动物园里的 3 个"汉子"都不愿同它相好。最后，它只好接受人工授精了。秋天，它生下双胞胎，可惜都没有养活。

1987 年春天，丹丹再一次来成都动物园接受人工授精，又生下双胞胎，仍然没有养活。可养崽欲望高的丹丹，并不因此心灰意冷。1989 年，它第三次到成都动物园接受人工授精，生下第三胎幼崽且成活了。说来奇怪，这只幼崽一开始长出的新毛黑白相间，与一般大熊猫幼崽无异。百日以后，它身上的毛却全部变成棕色，同它妈妈的毛色一样。当地一位 60 多岁的猎人看到丹丹以后说，1954 年他在大古坪村附近也曾看到过一只棕色大熊猫，个子比丹丹还大些。这些事实说明，在现有的大熊猫种群中，很可能有棕色大熊猫这样一个新种存在。

地处西南边陲的云南昆明，以春城著称，那里气候宜人。照说，这样的自然环境有利于大熊猫繁殖后代。早在 20 世纪 60 年代，昆明动物园的大熊猫就生过一只幼崽，但未成活。1964 年春天，珍珍来成都动物园配种后，生下 2 只幼崽，但幼崽只活了 13 天。1986 年，它第二次来成都动物园，接受人工授精，生下 1 只幼崽，也未成活。

最初，卧龙国家级自然保护区中国保护大熊猫研究中心只饲养了三五只大熊猫，后来多达20只。当中出色的大熊猫"小姐"有佳佳、丽丽、冬冬和青青，科研人员渴望它们生崽，如天旱之望云霓，花了许多精力和时间，一年望一年，年年都落空。于是，他们决定送两只大熊猫到成都动物园去相亲。

1986年3月，佳佳先到成都动物园。它在这里整整待了两个月，开始它一直比较含蓄，情不外露，到4月下旬才开始发情，5月初达到发情高潮期，烦躁不安，不时发出"咩咩"的求偶声。可是它非常挑剔，9号雄性大熊猫还未走近，它就嚎叫开了，将其拒之门外。强强算是动物园的"美男子"，也同样遭到它粗暴的拒绝。看起来，它对6号雄性大熊猫不那么反感，对方能够接近它，能和它一起戏耍。但是，仅此而已。到第二次见面时它们又如同陌生人，甚至咬斗起来。既然这样，科研人员只好给佳佳进行人工授精。当成都动物园的专家都在关心佳佳什么时候"坐月子"时，9月25日，保护区管理局的负责人来电话惋惜地说：很遗憾，佳佳于9月8日流产了。

丽丽比佳佳晚几天到成都动物园。它到那里以后，春心根本没有萌动。回到卧龙国家级自然保护区后它同全全好上了，产下1只幼崽，可惜幼崽长到几岁后就病死了。

这之后，佳佳和丽丽再没有产崽的消息。

1991年4月，科研人员又给冬冬做人工授精，当年9月，冬冬顺利产下一对双胞胎。年满7岁的冬冬初次做母亲，对自己生下的两只幼崽只愿意哺育一只，剩下的一只需由饲养员人工哺育。过去，国内外人工饲养繁殖的大熊猫幼崽，凡是没有吃过母乳，纯粹由人工哺育的，成活时间最长只有四五十天。这次，卧龙中国大熊猫保护研究中心人工哺育冬冬"抛弃"的幼崽，虽然由于幼崽缺乏免疫力，9次患病，曾2次得肺炎，它仍破天荒地活了160多天。冬冬自己带的那只幼崽，一直长得很好。1992年秋天，冬冬、佳佳都产了崽，冬冬又是生的双胞胎，3只幼崽里有2只存活。至此，中国大熊猫保护研究中心繁殖4胎、6崽，成活半岁以上4只，工作大有起色。

·连连失败

现在，话说回来，为何大熊猫中有"英雄妈妈""英雄爸爸"这等称号？大熊猫大多把婚姻、儿女事看得很淡。从我国开展大熊猫外交之后的35年中，国内外饲养过200多只大熊猫，雌雄各半。在100多只雌性大熊猫中，成年发情的不过30来只。那占半数的雄性，有生殖能力的更是凤毛麟角。有一些雄性大熊猫虽然生殖功能健全，可对异性毫不"感冒"，像禁欲主义者。大熊猫生儿育女问题成了世人关注的焦点。为此，国际上曾出现过一次又一次大熊猫"联姻"的奇事。

1958年，雌性大熊猫姬姬到伦敦动物园时还很年幼。数年后，它到了生育年龄。但当时它只身侨居异国，远离故乡数万里，无对象可找。那时，中英关系紧张，伦敦动物园向中国求助，被拒绝了。伦敦动物园只好去借用莫斯科动物园的单身汉安安。两国经过一年半的高级别谈判才达成协议，同意"联姻"。各国新闻界称此事是"一次重大的外交突破"。

1966 年 3 月，在伦敦动物园兽医和官员的护送下，姬姬春风满面，从伦敦乘英国皇家空军"先锋号"飞机，飞抵莫斯科。姬姬兴致勃勃地来到安安的住地，登门拜访。安安突然看见同类，立即迎上前去。双方先隔网相视，彼此发出亲昵的叫声。看样子，它们有点情投意合。于是，饲养员便把姬姬放进安安住的笼内，让它们交谈。新闻记者们很激动，正准备为姬姬和安安成婚拍照。不料，经过短时间的接触，安安却主动走开了，不让姬姬接近自己。随后它们互相低声吼叫了一段时间，便开始斗殴。见此情景，饲养员只好将它们暂时分隔开。

第二天，双方的饲养员再次撮合它们。它们依然我行我素，双方一派敌意，又要咬斗起来。这次史无前例的大熊猫国际联姻，最终告吹。这以后，莫斯科动物园和伦敦动物园又相继为它们安排过两次会面，仍然撮合不拢，真是有心栽花花不开。

1972 年，大熊猫玲玲和兴兴在美国华盛顿定居以后，美国人民也迫切盼望它们生下宝宝。但是，玲玲和兴兴长到 7 岁，彼此还无成婚的意向。为促成它们俩结合，华盛顿动物园从 1977 年开始，将一切现代化的科学研究技术手段都用上了，专家们连日累月地守候在闭路电视机前，观察记录它们的一举一动，以便及时发现它们求偶的迹象。它们的举止、动静都被记录，日夜活动规律都变换成数据输入到电脑中，连同玲玲怀春的叫声，也被录下归入了档案。专家们还苦心孤诣地为它们创造最好的环境，选择最好的时机，希望它们萌动春心。然而一切努力都未能使它们佳偶天成。于是他们决定对玲玲施行人工授精，可惜并没有成功。

一晃几年过去了。专家们怀疑兴兴没有生殖能力。在这期间，伦敦动物园的雌性大熊猫晶晶一直在病中，于是专家们灵机一动，向伦敦动物园求援，把雄性大熊猫佳佳借到华盛顿来。1981年4月，佳佳从伦敦登上飞机，越过大西洋，来到了华盛顿动物园。为使佳佳更好地适应环境，伦敦动物园随行的3名工作人员还特意带上了竹笋。

5月的一天，工作人员让佳佳和玲玲隔着钢丝网见面了。它们相互端详，双方没有流露出丝毫不友好的表情。对此，专家们暗暗心喜，报刊、电视台也竞相发布新闻。晚上十点半，动物园的研究人员根据监控迹象推算，认为玲玲和佳佳结合的最佳时刻到了，立即将它们放入同一住所内。安放在暗处的录像设备已经开动，希望将两只大熊猫当晚的合欢作为一个重大时刻记录下来。

哪知，这一切的努力都是自作多情。玲玲和佳佳刚一相遇便咬斗起来。一个半小时过去了，它们还在打闹，双方都被打得皮绽血流，没有一点儿回心转意的迹象。大家赶快将它们分开，这一场"包办婚姻"又告吹了。可是，出乎人们的意料，到 1983 年春天，玲玲和兴兴自由恋爱成功了。这一年的 7 月，玲玲生下 1 只幼崽。消息传出，整个华盛顿都轰动了。人们正在高兴，幼崽却因患支气管肺炎，来到世界上仅活了三个多小时就夭折了。

1984 年秋天，玲玲生下第二胎，可惜却是死胎。

1987 年 3 月，玲玲第三次受孕。当年 6 月，玲玲生下双胞胎，只有 1 只幼崽存活。华盛顿动物园每天举行新闻发布会，向记者提供玲玲母子的最新消息。消息传开以后，游客像潮水一样涌进动物园。

当时，动物园像过节一样，闭路电视机前被挤得水泄不通，人们从画面中可以看到玲玲安详地坐着，双手将幼崽搂在胸前，很得意的样子，仿佛心中有说不出的快活。不料，这一次大家又失望了。幼崽活到第四天，因患腹膜炎和肺积水，死去了。

1988 年，专家预测玲玲怀孕了，大家高兴了一阵子。结果是假的，希望又落空。

1989 年，玲玲又怀孕了。它生下第 5 只幼崽，这只幼崽比以前生的几只都小，只活了 30 多个小时。从这以后，人们再也没听到玲玲怀孕产崽的消息。1992 年，玲玲刚满 23 岁即病逝了。

以上种种，可见当时人工饲养繁殖大熊猫的工作有多么艰巨。

第三章　天灾为虐

· 奇特的对策

　　大自然赐给大熊猫一种奇特的天性，让它们靠吃竹子生活。大熊猫天生有一口好牙齿，竹子不管老嫩，它都能咬、嚼、咽、吞。它嘴巴里两排整齐的门牙如利斧，上下臼齿似磨盘，咬断、咬碎竹子，易如反掌。很有意思的是，它吃老一点的竹子，会用上下门牙来剥皮，比人剥甘蔗皮还要利落。

　　竹类植物富含粗纤维物质，为什么大熊猫吃它还长得这么胖？

　　为揭穿这个谜底，科学家做了大量的分析。他们发现，大熊猫喜欢吃的高山竹类，虽然营养成分低，但种类丰富，含有脂肪、糖类、多种蛋白质、多种微量元素和大量的纤维素等。各种高山竹的叶、茎、根、竹笋等所含的营养成分是不一样的，从野外考察和饲养观察可知，大熊猫进食，吃老竹还是嫩竹，吃竹叶还是竹竿，一个部分吃多少，它们心里是有数的。也就是说，最高效地获得生存所需要的营养物质，是它选择食物的唯一考虑因素。专家们认为，大熊猫赖以为生的竹子营养低，长期以来的生存压力促使它们增强了挑选食物的能力。在野外，无论是白天还是黑夜，它们都能够准确地挑到竹子吃，以获得足够的营养。竹子中不易消化的纤维成分很高，大熊猫要获取足够的营养，必须吃进大量竹子，所以它们的食量特别大。据调查，一般成年大熊猫每天要吃 15 到 20 公斤竹子，若是吃竹笋，则每天要吃 40 到 50 公斤。

大熊猫吃竹子一般会抛撒很多。通常它们会先选择一根竹子，只吃竹叶和竹竿的中段，抛弃竹竿的两头部分，竹子一半以上的部分，它们都不会食用。一只大熊猫往往一天要消耗 300 到 400 株鲜竹。

于是，在大熊猫同高山竹之间，一种无声无息却十分残酷的生存博弈便展开了。

竹类是一种禾本科植物，在亚洲、非洲和美洲都有分布。它的秉性也有些奇特，在一般情况下，它是用自己的地下茎竹鞭生笋，萌发新竹。当这种方式进行到一定程度的时候，即竹鞭延伸到极限了，它便要改变延续生命的方式。否则，生命就终止了。

1975 年，在四川岷山南段，大熊猫爱吃的缺苞箭竹成片开花枯死。1983 年，邛崃山、大小相岭及岷山北段的冷箭竹也普遍开花枯死了。

这种情况无疑给大熊猫的生存带来严峻的考验。

·走为上策

面对这样严峻的形势，食量大又很挑剔的大熊猫，脑袋灵活，总不能让自己活活饿死，它们也会想出适应性对策来随机应变，比如：三十六计，走为上策。

地处邛崃山的芦山县太平镇，1983 年冷箭竹开花，到第三年全部枯腐，萌生的新竹刚刚出土，大熊猫待在这里，实在没有什么东西可吃。9 月的一天，天空布满乌云，狂风一阵紧似一阵，一会儿就下起雨来了。躲在树洞里"坐月子"的大熊猫妈妈，大概是想到自己缺吃少奶水，幼崽生下来 20 多天了，还没有小兔子大，可能难以养活。它也不管风雨多急，将饿得一声接一声叫唤的幼崽叼在嘴里，爬出洞来，头也不回地向林木葱茏的地方走去。

可是，当它走到一个地方，那里林下的竹子已经普遍枯死。它走到一个又一个地方，还是见不到一根好竹子。已经有气无力的它，狠起心肠把幼崽撂下，拖着饥肠辘辘的身子，自奔生路。

邛崃山最南端的崇庆县北，从老棚子到扁担山一带，1984 年还栖息了 30 来只大熊猫。竹类植物有冷箭竹、大箭竹、拐棍竹、白夹竹等。大熊猫爱吃的冷箭竹分布面积最广，有 7 万多亩，却全部枯死了。居住在锅圈岩的一只大熊猫饿慌了，去吃枯死的冷箭竹，嚼食几节后，它发现枯竹实在难吃，也难吞咽，便离开旧巢，爬到从未去过的岩顶，采食新鲜的竹子。哪知锅圈岩是那样的凶险！山顶呈刀刃状，光溜溜的，连擅长走悬崖绝壁的岩羊，也常从岩上摔下去，变成一堆白骨，更何况这饥寒交迫、已经体力不支的大熊猫呢。它战战兢兢地爬上山顶，还未来得及站稳，脚爪子在光滑的岩石上划了几道浅浅的印迹后，便不幸掉下了 200 米高的悬崖。

事实表明，逃荒是凶多吉少的。

宝兴县是邛崃山区大熊猫较多的一个地方，1983 年竹子开花，这里是重灾区，约 150 万亩冷箭竹全部枯死。屋漏又遭连夜雨，紧接着，一个冬春大雪封山，把这个地方的大熊猫害苦了，它们纷纷逃走，为生存奔波。

· 绝处逢生

食物短缺，大熊猫开始靠吃零星残竹和竹子开花结的竹米度日。当残竹吃光了，采食竹米的时间过了，它们便到低山去，采食不太合口味的华桔竹，同时扩大取食范围，寻找替代性食物，聊以充饥。

它们饥不择食，用最大的忍耐力，来抵御灾害。山上的草木，凡是无毒性、能咽下肚的，它们都往嘴里塞。

从山上成堆的粪团可以看出，在漫长的饥荒岁月里，大熊猫的食物中野草、树皮占主要成分，而且它们往往饿得来不及咀嚼，就将其囫囵咽进肚里。

大熊猫这样过日子，时间长了，营养不良，身体极度虚弱。疾病、寄生虫乘机肆虐。

二郎山下的天全县，山上的竹子枯死，曾有一只大熊猫下低山找野草吃。草丛里有一种寄生虫——草虱，便趁此机会缠住它了。那草虱像豌豆一般大，靠吸动物身上的血液活命。它一次要吸一毫升血，算是真正的"吸血鬼"。它又是传染疾病的瘟神，家养或野生草食动物身上的病毒，都可以通过它传给大熊猫。已经被饥饿害苦了的大熊猫，怎能再经得起这样的折腾？这只处在严重饥饿状态下的大熊猫，每天看到太阳刚刚从二郎山顶冒出来，它就走出密林，钻进草林猛吃。青青的野茅草略带甜味，倒不是很难吃。肚里填满了，它便就地躺下来，休息睡觉。在吃睡的过程中，一只只草虱爬到它的身上，吸它的血。草虱吸了它的血，还会在它身上繁殖后代。

一天，大熊猫正在吃草，忽然身子晃荡一下，便倒在了地上。当人们发现它躺在草地上动弹不得时，它已经奄奄一息。医生的会诊结果显示，它因严重贫血引起全身器官衰竭，内脏和呼吸道发生病变。细心的医生在检查它贫血的原因时，从它身上抓到2000多只草虱，每只都吃得圆鼓鼓的。

岷山山脉南段分布的大熊猫，原是野外大熊猫中较大的一个种群。1975 年前后，这个地方的主要竹种缺苞箭竹大面积开花枯死，许多大熊猫在饥饿中丧生。据调查，在灾情严重的地方，大熊猫十之八九被饿死，竹子枯死面积甚广，许多地方人迹难到，没有发现的大熊猫尸体，肯定不少。1983 年，竹子开花，又有许多大熊猫被饥饿夺走了生命。

其实竹子周期性开花枯死，不是今天才有的事情。在历史上，也不知大熊猫遭遇过多少次竹子开花造成的灾难。可它们不但没有灭绝，还曾空前繁盛，这说明它们完全能够适应竹子的这种生态变化，并具有摆脱这种变化的能力。每次饥荒潮到来，老、弱、病、残、劣被淘汰掉，壮者、健者、优者被留下。大灾之后，幸存的优胜个体迅速向前发展。从总趋势来看，竹子同大熊猫，是能够保持共同进化的微妙平衡的。

但是，这有个前提，就是大熊猫种群必须保持一定的数量。大熊猫繁殖力那样低，如果没有适量的种群基数，遇上人灾，必然一蹶不振。1950 年，岷山山系茶坪山的华桔竹大面积开花，导致大量大熊猫死亡。据当地人讲，之后的 40 多年里，那里的竹子恢复得很好，但是大熊猫却远未恢复到竹子开花前的数量。

第四章　人祸难躲

· 越来越不利的地位

在地球上，一切生物都处在生存竞争的历史激流中。自从被称为"万物之灵"的人出现以后，在人类不断开发扩大生存范围面前，不少生物处于越来越不利的地位。

今天，地球上不少物种的灭绝或濒危，大都同人类有着直接或间接的联系。

人同其他动物相比，其最大的优势是大脑进化快，能够制造并不断改进工具，并用它来改造客观世界为己所用。随着工具的不断被创造，人类的生产生活范围不断向更广和更深处发展，比如开发和利用自然资源。在开发和利用自然资源的过程中，人类最初征服的对象有各种野兽，人类食其肉，寝其皮，食而有余者便对动物加以驯化饲养，如马、牛、羊、鸡、犬、猪等。当利用自然环境和自然资源的可能性和能力都增强了，从征服野兽，驯养六畜，到原始农业出现，种植六谷，人类需要有更广阔的地理空间，便开始不断向森林区域推进。这样，在自然界便形成了一个无法轻易逆转的趋势：人进森林退。

· 节节败退

在人类战争史上，火攻的战略战术层出不穷。人们掳掠烧杀，在毁坏城池田园的同时，往往也使大片森林遭到毁灭性的破坏，大熊猫等动物的生存自然也受到威胁。

如今人口激增，经济迅速发展，每个大城市都是一个经济区域的中心，这些以大城市为中心的经济区域，以前可能是大熊猫生活的地盘。经济区域再扩展，大熊猫则无法安身了。

虽然大熊猫由于食性变化，需要在一种特定的生态环境里生活，但是在过去的年月里，由于气候和环境的巨大变化，和大熊猫同时出现的许多其他动物种群早已消失，它们却仍然繁荣昌盛，历久不衰。这充分表明，大熊猫的适应能力很强，它们在长期严峻的生存竞争中处于一定的优势地位。大熊猫分布区在我国全面向西退缩，始于近一两千年，其数量急剧减少，活动区域逐步从低海拔的热带、亚热带地区向高海拔的温带丛林地区萎缩，乃是最近两三百年的事。

看来，大熊猫的衰败过程，同我国铁器的出现、原始农业的发展及人口增长的历史发展进程，相当接近。人的生活半径不断扩大，野生生物的生活半径自然不断缩小。

就是这种趋势，使已经为数不多的大熊猫，不得不节节败退。

1993年4月14日早上，大邑县悦来镇丹凤村农民李金良走出家门，去放秧田的水，突然看见一只黑白相间的动物在田间小路上慢悠悠地走动，不知为何物。正在诧异间，邻居李金文也从家里出来，刚好看到了，说那可能是大熊猫。随即农民杨瑞清走来，认为其的确是一只大熊猫，便立即跑到镇政府报告。为保证大熊猫的绝对安全，镇政府一面向县林业局报告，一面迅速组织10余名治安队员赶到现场，对它严加保护。

中午，县林业局的干部赶到丹凤村，向当地群众了解情况后，便和悦来镇的干部一起开紧急会议，决定先将看热闹的群众劝说走，避免大熊猫受到惊吓，然后又组织人把它捕捉起来，检查身体，看有没有疾病或是饥饿的情况，好采取有效的保护措施。

20多个精壮的小伙子将大熊猫包围住，磨蹭许久，才巧妙地捉住了它。大熊猫安然无恙。

3点40分，他们将大熊猫运到原丹凤乡政府所在地，装进铁笼，用汽车送到县上。

4 点 35 分，县林业局在电话里请示省林业厅野生动物保护处。当时的处长当即指示：仔细检查大熊猫的身体，如果确无病态，立即把它放回栖息地。

按照处长的意见，县林业局组织医生给大熊猫认真做了体检。这只大熊猫约 12 岁，雄性，无病态迹象，在请示县抢救大熊猫领导小组以后，于第二天上午被送到海拔 1700 米处的拐棍竹林中。

大概是这只大熊猫觉得此地环境很好，抑或是头一天受了惊，当铁笼门打开，它像一匹脱缰的野马，头也不回，也不让人多看它一眼，径直向茂密的竹林跑去。

随后县林业局派出县野生动物监测巡逻队和当地群众共 12 人，组成两个监测组，连续 10 天对这只大熊猫进行昼夜监测。一旦发现它有不正常的现象，便在森林防火电台上报告，及时组织抢救。在观察期间，没有发现异常情况。

在发现大熊猫从高山林区下移到悦来镇以后，县、乡领导很重视。那么，是什么原因促使大熊猫下山来呢？有人分析认为，导致这种现象发生的主要原因是在大熊猫栖息地人的活动加剧，使它的生活环境受到严重干扰。这只大熊猫很可能是从大邑县同崇庆县交界的雾山乡虾口村罗家坪出走，经四王岗至大烛寺，一路来到这里的。这些地方，拐棍竹分布密集，当时正是生笋季节，近年来县内在大熊猫分布区的生产建设增多，加上各地群众上山采竹笋，特别是有的地方数十人成群结队上山采笋，他们的喧闹声使在这里取食竹子的大熊猫受惊，便不断下移而迷失方向。

这是一个大问题。为保护好大熊猫，当时县上领导要求，要加强保护野生动物的宣传，加强大熊猫栖息地的保护管理。各级政府应以保护濒临灭绝物种——大熊猫的生息、繁衍为重，对大熊猫的食物基地和栖息场所实行有力的保护措施，杜绝人为影响大熊猫栖息环境的行为，保证大熊猫的正常生活。

·大自然多情

1950 年到 1980 年这 30 年间，由于宝成铁路施工和内地建设的影响，大熊猫分布区向西退了约 100 公里。这里，高山深谷成南北走向，严寒酷暑皆有。整个大熊猫的分布区域呈一个不连贯的弧形，由南向北，包括凉山、相岭、邛崃、岷山和秦岭南坡五大山系，是长江中游的支流汉水和上游支流的嘉陵江、涪江、沱江和岷江的河原地带，地辖四川、甘肃和陕西三省相邻的数个县。人们把这里称为大熊猫的最后避难所。

在那里，有数不清的高山湖泊，蓝如靛，明如镜，像宝石般晶莹。一道道凌云飞瀑，迸出陡崖峭壁，一泄千仞，如高天泄银。一条条小溪、清泉汩汩淌流，味美而甘。当大熊猫来到湖畔、渠下或湖边渴饮时，蓝天、白云、雪峰、翠岭、绿树、红花、飞鸟总是和它争相在水里留下倩影。

在那里，山谷密密罗列。地形和气候复杂，既无酷暑，又能躲避冰期大寒，是物种生存繁衍的理想之地。地球自诞生时起，变动不定，冷暖无常，境内曾经出现几次冰期和间冰期，这不但没有影响动植物的生存，反而促进了它们的演化、繁荣。那里已成为世界上珍贵的动植物大宝库。

大熊猫无疑是这诸多珍贵动植物中的佼佼者。它和这里的大小动物相处得都比较融洽。金丝猴、羚牛、毛冠鹿虽然也吃竹子，但山上可吃的东西很多，并不同大熊猫争夺吃的。豺、狼、虎、豹等凶残肉食动物，一般也只能危及大熊猫中的老弱病残者，反而有利于这个种群的优胜劣汰。

在这方圆 13900 多平方千米的地面上，竹子四季常青，山高水长。大熊猫饿了有竹子吃，渴了有清泉饮，倦了可以玩耍戏水。冬到谷心过三九，夏上高山度三伏，终年无饥渴寒暑之虞。日子算是过得去的。

·好景难长

然而，好景难长。

人类要生存，要发展，自然要不断扩大自己的生存范围。

中华人民共和国成立初期，四川有耕地 10000 多万亩。此后，政府提倡大力开发耕地，平均每年增加 100 多万亩耕地，但同期人口以更快的速度增加，人平均耕地反而开始减少。

三年困难时期以后，全省每年约增加一个大县的人口，人平均耕地进一步猛降。

从 1982 年 7 月至 1986 年 5 月，四川修房、烧窑占用耕地几十万亩，平均每年吞噬良田熟地十几万亩。

各条公路沿线，餐馆、旅舍、商店像挂在弯曲的长藤上的葫芦，公路还未修好，它们就抢先修起来了。

人口增长了，就需要补充耕地，只好向林区要土地。搞建设用地，只好间接或直接地向林区索取土地。建设需要木材，也要向森林进军。事情很明白，大熊猫分布的省份，一无海滩，二无沙漠，人要扩大地面生存空间，广泛深入地开展经济活动，除了向森林进军，还有什么可选择？

于是，你会看到这样一幅景象：伐木大军开到哪里，那里山上的树就像倒麻秆似的，一片又一片地倒下。或车载，或水运，春水发时，金沙江、大渡河及其能漂木头的支流，大小原木像浮的糠壳一样往下漂流。

有些地方，砍伐的木头来不及运完，人就开始转移。或是公路没有修通，只好将材料弃之于地，20 世纪 60 年代砍伐的树，有些至今还倒在山上没有腐烂完。

伐木军走到哪里，哪里就出现"三光"——树木砍光、野生动物跑光、水土流失光。

这"三光"给人带来的后患是什么？

谁都清楚，川西北的原始森林是长江上游的主要水源林。当它遭到掠夺性的砍伐后，水土大量流失，对长江的水源、水质影响极为严重。据有关部门测试，长江上游许多支流，水的常年流量比20世纪50年代大大减少。

由于森林大片大片地毁坏，许多地方不是变成耕地、牧地，便是被大熊猫厌食的竹类入侵，弄得大熊猫无法再待下去。这可不是危言耸听。在卧龙国家级自然保护区，由于栖息环境遭到破坏，在皮条河谷东南坡一带，大熊猫几乎已经绝迹。在另外一些地方，树砍光了，箭竹比有林木覆盖的地方长得更浓密、矮小，可是那里也很难见到有大熊猫活动。

大熊猫只好往人迹罕至、竹类单一的高海拔地方再退缩。现今，大熊猫野外种群数量达到1800多只，受威胁程度等级虽然由濒危降为易危，处境有所改善，但仍存在不少生存挑战。

第五章　八方出力

·人人尽责

　　在保护大熊猫的前线，尽管有一支训练有素的专业队伍和不少临时救护人员在努力工作，但是，许多地方还是鞭长莫及。幸好，散居各地的广大居民，积极响应政府"救国宝，人人有责"的号召，男女老少都热心投入抢救活动。

　　在宝兴县某村，1984 年 4 月的一个星期天，12 岁的少先队员去打猪草，发现一只大熊猫躺在地里。人走近，它也不动，很瘦弱，看样子又病又饿。他立马跑去告诉民兵排长。民兵排长马上喊来几个民兵看守住大熊猫，他则跑到乡政府去报告。当时，县救灾领导小组正在了解大熊猫受灾情况，听完民兵排长的报告后，迅速组织人抢救。人们日夜守护，给这只大熊猫喂东西，它不吃；喂药，它不吞。第二天，他们把它运到蜂桶寨自然保护区治疗，无奈抢救无效，第三天还是死去了。大家又将其送到四川大学解剖，查出它胃出血严重。医生分析，这是因食物匮乏，它吃了腐败和不好消化的东西引起的。

盐井乡某村有一个农民，有一天发现大熊猫在他的麦地里吃麦子，一连几天如此。他想去赶走它，却听人说大熊猫吃麦子是饿得没办法了，就让它吃。结果，那大熊猫把他种的一块5分地的麦子全吃光了，他也没有去惊动它。

在芦山县山区，有一个农民吃早饭后出门干活，一只饿慌了的大熊猫把他家一只30多斤重的山羊咬死了，他回来时，大熊猫正在狼吞虎咽地吃。这情景，被跟在他身后的狗发现了。他害怕狗跑去惊扰大熊猫进餐，立即把狗死死抱住。等大熊猫吃完羊离开以后，他才将狗放开。那大熊猫在饥饿难熬的时候，能够饱餐一顿肥美的羊肉，补充补充营养，料想它一定能生活下去。

1985年5月17日下午4时，平武县木座乡雨雾缭绕，天黑地暗。农民李庆香提着猪食去喂猪。她走到猪圈门前，见圈内躺着一只大熊猫，吓了一大跳。她试探着走近，只见那只大熊猫蜷缩成一团，全身颤抖，嘴角边流出一滩血水。

见此情景，李庆香放下猪食桶，便四处去喊人。在山上干农活的陈正军得知后，急忙跑到乡政府去报告。乡政府打紧急电话到县上大熊猫救灾领导小组办公室，10分钟后，熊猫救护车出动了，在倾盆大雨中向距离县城60多里的木座乡急驰。

山上，这只熊猫颤抖加剧，情况越来越严重，附近10多个农民闻讯赶来守护。翌日凌晨，救护人员赶到时，大熊猫已呼吸急促，一点不能动弹。他们采取急救措施以后，赶忙组织人马将大熊猫往山下运。山高又陡，要走几十里崎岖的小路，才到得了停救护车的地方。这只大熊猫有100多斤重，途中两人抬的时间很少，大多数时间轮流由一个人背着它走，人人累得满头大汗。

大家好不容易才把它弄下山来。18日上午7点送上救护车，9点运到县城。由于病情恶化，加上一路颠簸，这只熊猫已经深度昏迷，并出现潮式呼吸。这是脑血液循环障碍或严重中毒临终前的一种征兆，情况万分紧急，必须将其立即送到县医院抢救。

抢救大熊猫重病号有经验的两位医生迅速诊断，病因可能是大熊猫饥饿滥食，导致消化道发炎出血，以及营养不良引起水盐、电解质平衡紊乱。两位医生当机立断，采取应急措施，切皮从静脉管补液，纠正代谢酸性中毒。通过补液，输进抗生素、止血药物，补充复合氨基酸和维生素等营养物质以后，它渐渐从昏迷中苏醒。经过一周多的精心治疗和护理，大熊猫脱离了生命危险。

海拔5000多米的雪宝顶脚下的松潘县小河镇，是黄龙自然保护区所在地，大熊猫数量较多。这里海拔2500米以上，95%的竹子已经枯死，大熊猫受饥饿所迫，转移到有人居住的低山寻食。当地居民组成保护大熊猫联防小组，建立了"三不、一报"的联防保护制度，不让家狗上山、不发生火灾、不伤害大熊猫，发现情况立即报告，消除一切妨碍大熊猫度荒的因素。为方便大熊猫进村寨寻食，各家各户还都自行把狗拴起来喂养。

地处小相岭的石棉县栗子坪，高山的竹子全部枯死，大熊猫全向低山转移。当地干部群众自动设立灾情监测站，每个寨子都订立保护大熊猫的公约。大熊猫出没频繁的公益村姜家居民组，为保护好受灾的大熊猫，按照彝族风俗，杀鸡宰羊，喝血酒，立下联防的山盟海誓："不进山打猎，不毁坏竹林，停止一切干扰活动，保证大熊猫顺利渡过饥饿难关。"

·子弟兵倾心

抢救受灾大熊猫，人民子弟兵也出了大力。1904年4月29日，中国人民解放军成都军区政治部向指战员发出积极参加抢救大熊猫的通知，要求他们"为抢救大熊猫国宝尽心尽力"。

救灾，得先查明竹子枯死的确切面积，弄清灾情。大熊猫分布密集的宝兴县，山大林深，地势险阻，许多地方人迹难到，使用一般手段，很难切实查清灾情。1985年初，联合国开发计划署和粮油组织派来两位专家，协助中国建立农业遥测中心。有关部门向两位专家求援，航空遥测这里竹子原生及开花枯死以后种子萌生等情况。两位专家欣然同意，并要求调派全天候飞行的大型飞机。

时值数九寒天，这一年的天气又特别恶劣，民用飞机难当此重任，有关部门向成都军区空军部队求援。空军部队负责人见救国宝事关重大，满口应承下来，且作无偿支援。1月下旬，空军部队执行任务单位见调查灾情刻不容缓，派出专机，在极坏的天气中连续飞行数天，查清这个县10万公顷箭竹枯死90%以上，灾情十分严重。

在救护大熊猫的过程中，中国人民解放军成都军区总医院成立了救护大熊猫医疗小组。这个救护小组的成员医术高明，诚心救国宝，医院又有先进的设备，与成都动物园的医生密切合作，使一只病饿垂危的大熊猫，摆脱了死神的纠缠。

1984年4月，天全县小河乡3个农民发现对面岩脚有一只大熊猫躺着。他们走近一看，这只大熊猫因饥饿下山觅食，从陡岩摔下来了，头部破裂，创口长达11厘米，深6厘米，生命垂危，头部伤口因感染出现脑水肿，已经失去知觉。他们留下两人守护，一人跑去乡政府报告。乡干部和兽医立即赶到现场，见情况十分危急，便将大熊猫抬上担架，以最快的速度抬到10多里远的乡政府。县里接到乡政府的电话，时任副县长兼大熊猫救灾领导小组组长的张瑾和林业局负责人一起赶到乡上。为避免因运送颠簸导致大熊猫病情进一步恶化，他们组织8个人用手抬着大熊猫，用拖拉机把大熊猫送到县城，做急救处理，然后又派救护车连夜把它送到成都动物园抢救。

此时，大熊猫已经深度昏迷。动物园马上召集兽医抢救，并向中国人民解放军成都军区总医院求援。总医院派来两位脑外科专家和两位心血管专家参加会诊，发现大熊猫脑脊开放性进裂。他们同动物园的兽医一起，对其进行了一周多的精心治疗，那只大熊猫才排出大便，脱离生命危险。排出的粪便里全是树叶和野草，医生们看到后，无不感叹大熊猫眼前处境的艰难。

苏苏是大凉山马边县一位农民发现的病饿大熊猫，1986年送成都动物园，经中国人民解放军成都军区总医院的医生和动物园的兽医合作抢救以后，生长情况良好。1987年春天，苏苏正要被送出国访问，不料，做体检时因麻醉意外地突然昏迷，停止了呼吸。情况万分紧急，救援电话打到中国人民解放军成都军区总医院，专家医师们赶到动物园，争分夺秒，紧急抢救了三个半小时，昏迷了25个小时的苏苏终于恢复知觉，开始呼吸，慢慢睁开了它的双眼。经过3个月疗养，苏苏恢复如初，如期赶赴荷兰。

1991年，卧龙国家级自然保护区饲养繁殖场的南南，因消化系统出现严重问题，被送到中国人民解放军成都军区总医院来救治。当时，南南捂着肚子，挣扎着怪叫，疼痛难忍，大熊猫救护小组的人顾不上吃饭，立即动手诊治。南南有些不听人招呼，同麻醉师周旋了一个多小时，才规规矩矩地躺在检查台上。经过检查，它患了急性肠梗阻，腹腔有积液，必须立即进行手术。

肠胃专家打开南南的腹腔，只见它的肠子弯来扭去，有一段扭成绳子一样，比其他部分粗大几倍，里面填塞的全是未消化的竹类食物。凌晨做完手术后，当天下午4点南南的体温降下来，晚上开始进食、活动，彻底脱离了危险。

多年来，这个军中大熊猫救护小组通过抢救国宝，进行科学研究，在大熊猫的病理、生理及临床救治方面取得了重大成果。

·大转移

大熊猫一般都很爱自己的家园，即使是大灾之年，往往也都宁愿饿死在当地，也不肯离开故土。有少数想逃命的，又被险恶的地势环境所困。遇到这种情况，人们不辞辛劳，做出将它们往安全地方转移的尝试。

邛崃山脉的宝兴县灯笼沟，山石嵯峨，峡谷幽深。它背靠峭壁嶙峋的城墙岩，前后和左右山峦重叠，山顶海拔4000多米，荒芜不毛。境内湍流萦回，飞鸟不经，走兽难越。密密层层的箭竹全部枯死，生活在那里的大熊猫粮草罄尽，陷入饥饿困境。

距离灯笼沟不远的出局沟，山竹未开花，生长茂盛。可是灯笼沟的大熊猫处于绝境，出不来，它自己没法走到那里。

于是县上大熊猫救灾领导小组经过多方考虑，决定对困在灯笼沟的饥饿大熊猫进行有计划的转移。

招引大熊猫的圈几天前就做好了。当时兼任大熊猫救灾领导小组组长的张县长和县林业局局长亲自上山看地形，组织人将圈安置好。

大熊猫嗅觉灵敏，能够嗅到几公里远的味道，把圈刚安置好，就有大熊猫顺着羊肉的膻气味追过来了。第二天晚上，它走进圈刚动手抓羊肉，闸门"啪"的一声落下。它饿慌了，顾不上考虑周围的动静，抓住羊肉就吃。

当它填饱肚子以后，有气力了，"咔嚓"一声把圈门拉开，逃走了。

见此情形，招引的人只好将整个圈加固。可是，大熊猫也学聪明了。它第二次来时，小心翼翼，吃光圈外面引它入内的肉和骨头以后，拉下一堆粪便，表示它来过这里，又溜之大吉。

招引的人没有着急，照常行事，耐心等待。终于，第七天下午5点左右，大熊猫经过审慎考虑以后拱进了圈。

天刚刚发亮，两位招引人员上前去看，它正像热锅里的蚂蚁，在圈内打转转。两只黝黑的眼睛，直勾勾地盯住招引人员，似乎在向他们乞求——快放掉我吧！

二人高兴极了，立即动手捆扎，把圈进一步加固。然后，留一人守护，另一人翻山越岭，到县上打电话。

县救灾领导小组办公室迅速组织人马，带上开路用的炸药、工具和装运大熊猫的铁笼，火速赶到现场。

随后，乡大熊猫救灾领导小组负责人、乡武装部长赶来了，村支书带领 12 名精壮汉子也赶来了。在山上调查灾情的张县长也闻讯赶来。大家端详，圈内的大熊猫是一个正当青春的大姑娘，胖乎乎的，少说也有一百六七十斤重。现在，大熊猫是抓住了，大家高兴了一阵。但是，这一带山陡、沟狭、水急，连大熊猫自己都难以通过，眼下由人来转移，谈何容易！

按照既定方案，村支书熟悉地形，带一班人，在前面放炮劈山，开路架桥。后面的人让大熊猫躺在铁笼里，前面 4 个人抬，后面 4 个人使劲拖住，从陡坡上慢慢往下滑动。

这个场面，很像是阔绰人家的闺女出嫁。

在宝兴，人们称呼亲人，都要加个"阿"字，如阿姐、阿爸等，表示亲昵。招引的大熊猫生长在灯笼沟，在放它归山以前，大家商定给它取名"阿笼"。

人们给它喂了用米汤加葡萄糖、草药粉兑的防病药汤，将铁门打开，请它出去，它却很是迟疑，不愿出笼。人们端来清水，让它梳洗打扮一番，又在铁笼外面摆些好吃的东西，它才慢吞吞走出笼来。它一点不斯文，大嚼大吞，吃完以后，将盆一把推翻，舔一舔嘴巴，便向密林走去了。它也不向救护它的人道一声别，可能是觉得人们对它的举动有些不恭。

阿笼不会挨饿了。它只身来到陌生的地方，一开始难免感到孤寂。

但这不要紧，按照县救灾领导小组的移民计划，它的老邻居都要来这里落户。它有可能挑选到合意的男朋友。

·老妪倾囊

在大熊猫受灾的紧急时刻，有成千上万的人在前线努力抢救，同时，全国工人、农民、学生、解放军、机关工作人员甚至幼儿园的小朋友，也争相为拯救国宝出力，踊跃捐钱捐粮。一封封来自城市、农村、边疆的热情洋溢的捐款信件，像雪片般寄往大熊猫故乡。

还有一些热心肠的人，自发在社会上发起募捐活动。南京大学生物系的同学们，拿上自制的绘有大熊猫图案的各种纪念品，到街头演讲，积极为抢救国宝募捐。上海杂技团特意一连义演 5 场，将全部收入捐给拯救大熊猫的事业。

从那一封封捐款信件中，我们可以看到，人们奉献的不单是一笔笔多少不 的钱，更可贵的是他们热爱祖国的赤子之心。江西省上高第三中学的师生在信中说："大熊猫受灾，我们万分焦急，以微薄之力，尽爱国之心。"

为救国宝慷慨捐献，无疑表现着中国人拯救大熊猫的美好心愿。这里，要特别说一说一位令人崇敬的老人。

在四川省成都市，有一位给大熊猫赈灾的"捐献迷"。从 1984

年 4 月 18 日起，到 1989 年 11 月 2 日止，为抢救大熊猫，她一共捐献了 967.59 元人民币、211 斤粮票。

此人是一位年寿已高的退休老工人。她叫喻清珍，只身住在红墙巷 10 号小楼上。对于一些腰缠万贯的个体、企业家来讲，捐献近千元、几百斤粮，也许是九牛之一毛。可喻清珍就不同了，她已经是尽其所能，倾囊相助。

喻清珍原是集体企业中和化工厂的二级工，每月工资 37.12 元。1976 年，她退休以后，每月领退休金 23.7 元，1979 年 10 月，她的退休金增加到 26.5 元，从当年 11 月份起又增加到 31.5 元。1980年，街道办事处安排她守自来水。随着改革开放政策的深入贯彻，她的退休金也在不断增加。

可是，这位老工人生活十分简朴，每月的收入除去吃穿开支，还略有节余。她省吃俭用，将余下来的钱用于捐赠。

从 1981 年起，喻清珍老人就慷慨解囊，无需别人动员，自发为兴办社会福利事业捐款，给贫困地区捐赠钱粮。

1984 年 4 月 2 日，《四川日报》第一版刊登了一篇新闻：《天南地北支援抢救大熊猫》。喻清珍看到后，心里很激动，一连很多天都平静不下来。4 月 18 日，她领到当月的退休金以后，留足一个月的生活费，把余下的 4.2 元全部邮汇给了中国野生动物保护协会四川分会秘书处，支持抢救大熊猫。

从那次捐款以后，她每月都要为抢救大熊猫捐赠钱粮，捐款数额也随着收入的增加而增加。

这些捐款数目虽然不是很大，但也不算很小，而且月月、年年都有捐赠，捐赠额有增无减。这位老工人的行为感动了中国野生动物保护协会四川分会秘书处的人。

一天，秘书处的高秘书穿街寻巷，东问西访，来到一个深幽的小巷，推开了一扇破旧的门，找到了喻清珍的住处。

高秘书穿过主室，沿着吱吱直响的木梯爬上楼去。捐款人喻清珍就住在这里，她家有两间房，被煤烟熏得漆黑的偏屋是她的厨房，连着的一间是搭铺和堆放东西的地方，这个屋里的东西很简单，有一张床、一张小饭桌、一口旧木箱、一条长木凳、一把旧藤椅，还有一个用绳子从楼下往上提水的木桶及炊事用具。除此以外，就再没有别的家什了。

见此情景，高秘书不忍心再接受喻清珍的捐款，恳切地劝她不要再捐粮钱了。喻清珍却回答说："大熊猫是我们国家的国宝，全世界的人都喜欢它，保护好它是国家的需要。"

没想到这位老人把保护大熊猫的事情看得那么远大。

高秘书不好直言叫她不再捐钱粮的原因，只是告诉她，大熊猫的灾情开始缓和，国内外已为抢救大熊猫捐了不少款，她可以不再捐了。

喻清珍则执意地说："保护大熊猫是长期的任务，需要做的事情多得很，我一直要捐献到我死才行。"

一位收入微薄的退休老人，为什么对给大熊猫捐款这件事这么执着呢？为寻找这个问题的答案，高秘书同喻清珍闲聊开了。

原来喻清珍是一位饱经沧桑的人。

1912年初冬，她出生在成都城内的一个店员家。父亲失业以后，把家里的被子拿出去当了，一家人夜间睡觉，连被子也没有盖的。喻清珍七八岁时就开始学织网。那时，她看见别的孩子上学读书，很羡慕他们，想一边织网，一边学认字。一天，母亲从字纸篓里为她拾回一本旧书，书的开头印着"人、手、足、刀、尺……"她拿着这本书很高兴，有空就找人教她读字认字。

后来，福音堂一位老师劝喻清珍去读书。原先，她的名字叫喻珍，是福音堂的老师给她改为喻清珍的。老师见她很瘦弱，衣服破破烂烂，一细问，才知道她每天只吃一两稀饭，赶快请她吃了一顿好吃的，圣诞节又送了她一件衣服。

喻清珍17岁与一个叫邓申元的人结婚，不久丈夫病死。后来，她又与叫喻明朝的男人结婚，一起到松潘县谋生路。新中国成立以后，她的丈夫在县人民政府机关当会计，她考上了人民教师。

当时，喻清珍觉得她的一切已发生天翻地覆般的变化，当人民教师让她感到无比光荣。教室很破，她自己动手修补，学生交书籍费和学费困难，她带领学生开荒种粮来解决。她虽然文化程度不算很高，可教书育人相当尽责，到她这里来上学的学生，一学期比一学期多。

后来，她不再教书，1959年只身回到离开10多年的故土成都，在街道工业中和化工厂当工人，干活也很出色。

喻清珍一端碗吃饭，就想到她从前过的苦日子，她把自己的命运同国家、社会紧紧联系起来，关心国家大事，乐意为社会公益事业出力。

20世纪50年代初，抗美援朝，她发动自己学校的学生扎扫帚挣钱，将挣到的钱捐献给国家买飞机。有的乡邻也想捐献，但没有钱。她将自己的几万元旧币拿出来，为他人代交捐献款。

喻清珍就是这样，把自己的命运同国家、社会紧密联系在一起。凡是做公益需要，她都尽其所能地去支持。平时，她很留心看报纸，发现哪个地方有困难或兴办福利事业需要支援，不等别人动员，往往有钱出钱，有粮出粮，自动捐献。

从1981年到1989年2月止，喻清珍一共捐献了84次钱粮。她手里有84张汇款单，其中有10张是保护大熊猫的捐款汇款单。

1989年5月，当时的四川省抗灾救灾指挥部捐助办公室在写给喻清珍的感谢信中说："你向我省灾区人民捐赠100斤粮票证，我们已转送灾区人民。你这种同灾区人民患难与共的共产主义精神，使灾区人民受到莫大鼓舞，我们谨代表灾区人民向你表示感谢。"

第六章　世人关注

大熊猫的安危也引起全世界的极大关注。

世界自然基金会，简称"WWF"，它以保护和拯救全世界珍稀濒危动植物为神圣使命。在保护大熊猫方面，它做出了非凡的努力。

1961年，世界自然基金会宣告成立，它在宣言中说："大熊猫不仅是中国人民的珍贵财富，也是世界各国人民所关心的自然历史的珍贵财富。"它把中国大熊猫看成是世界珍稀动物的象征，该基金会的会徽是首任基金会主席彼得·斯柯特亲手画的大熊猫图案。这表明，它的宗旨是像保护大熊猫那样，不惜一切代价来保护和拯救世界上的所有珍稀物种。

1975 年那次岷山地区的缺苞箭竹开花，成百的大熊猫被饥饿夺走生命，只给动物园留下 20 多只灾后余生的大熊猫。于是，1979 年世界自然基金会便同中国政府达成协议：为使大熊猫免于灭绝，进行国际募捐和执行保护计划。

1980 年 5 月中旬，春暖花开的时候，世界自然基金会主席彼得·斯柯特率领科学家代表团，专程到卧龙国家级自然保护区考察，他们深入英雄沟参观大熊猫饲养场，还步行崎岖小道，登上海拔 2500 米的五一棚野外生态观察站，考察保护区的生态环境。当时彼得·斯柯特步行到白岩脚下，看到有大熊猫的粪便，有它们吃竹子的痕迹，爬树的爪印，以及大熊猫生活区的美丽景观，很满意，觉得卧龙的生态环境很好。6 月初，彼得·斯柯特回到北京，确定签署同中国合作保护大熊猫的协议书，并在卧龙国家级自然保护区建立中国大熊猫保护研究中心。

6 月 30 日，最终的协议书在荷兰签署，基金会负责提供用于大熊猫保护研究的跟踪设备和一部分精密仪器。

随后，世界自然基金会派遣以科学家乔治·夏勒为代表的专家小组来华，帮助中国专家实施保护大熊猫计划。

当大熊猫分布地区的箭竹第二次开花枯死，大熊猫面临更严重的饥荒的时刻，1984 年，世界自然基金会发表一份报告，把大熊猫列为当时世界 10 种濒危动植物之首。当时的报告说：由于大片竹子相继死亡，中国四分之一的大熊猫有被饿死的危险。目前，中国政府正在采取紧急抢救措施。

1985 年 3 月，世界自然基金会同中国林业部（现为国家林业和草原局）签订大熊猫及其栖息地管理计划协议。根据这个协议，将联合组成调查队，从当年 10 月开始，用 3 年时间普查四川有大熊猫栖息的县，重点考察大熊猫的数量、分布及竹类分布情况。

1986 年，世界自然基金会协同国际自然组织与自然保护联盟，帮助中国培训自然保护区的工作技术人员，制订管理计划，为大熊猫研究中心提供技术性援助等。

目前，世界自然基金会对大熊猫的保护和研究工作还在继续。

第七章　熊猫教父

· 立志补空白

　　一座银辉耀眼的巨峰，突兀而立，白雪皑皑。在艳阳的照耀下，它像一条玉龙，昂首凌空，寒光熠熠。在寒寂的冰峰顶，一切都像是凝固住了。那里还会有人在活动吗？有的。有一群人在做科学考察，其中一个身影高大的人，在凝神远眺四姑娘山。

　　那个身影高大、凝神眺望四姑娘山的人，就是中外闻名、有"熊猫教父"之称的大熊猫专家胡锦矗。

　　早在国际上出现大熊猫热的时候，周恩来总理就曾发出指示，对大熊猫等珍稀动物进行普查。当胡锦矗得知四川省组织大熊猫调查队，要在南充师范学院（现更名为西华师范大学）抽出师生参加，由他负责业务领导时，他是多么惊喜。作为动物学家，他深深懂得周总理这一指示的巨大意义。从那时起，他便下决心，要将自己的精力用于保护大熊猫这一崇高的事业。

胡锦矗是新中国培养的第一代大学生，1955 年在重庆西南师范学院（西南大学前身之一）生物系毕业以后，又考上北京师范大学研究生，专攻动物学。他对研究野生动物特别感兴趣，注意考察鸟、兽、虫、鱼的生活习性。但是，对于大熊猫家族的底细，他还十分茫然。为研究大熊猫，他漫游在书的海洋里，查阅古代史、古气象学、古生物学、地质学和国内外有关的研究资料。一直以来，大熊猫就受到人们的重视，古籍对它有过许多记载，近代也有不少写大熊猫的专著。

但是，无论是在国内还是国外，对大熊猫的生态研究还是一片空白。有历史责任感的胡锦矗，毅然决然地对自己说："一定要填补这个空白！"

· 绝顶上的欢歌

1974 年，胡锦矗率领调查队师生一行 30 人左右，带着桃花般的笑脸，径直奔向岷邛大山。

大熊猫的家乡，是一个很迷人的地方。这里峰峦耸屹，云飞雾绕，有清泉流水，有高山湖泊，有丰富多彩的植被群落……

　　胡锦矗高兴地看到，在大熊猫的家乡，几乎人人是大熊猫的"卫士"。那是一个大白天，一群豺狗正在追逐一头健壮的大熊猫，将其追到波涛滚滚的皮条河岸上。大熊猫被迫同凶险的豺狗背水一战，情况很紧急。几个在山上干活的农民看到了，吆喝着赶来，驱走了豺狗，并护送大熊猫回到安全地带。

　　胡锦矗站在高高的巴朗山上，放眼四周的白雪世界，默默地想：大熊猫那样惹人喜爱，群众对保护大熊猫如此热心，国家对大熊猫这么重视，我这个动物学家，应该有所作为，也必须有所作为。他研究过许多野生动物，比较起来，大熊猫研究难度最大。要想在崎岖陡峭、竹丛密布的川西山地追踪它们，那是很困难的事，为实现保护大熊猫的目标，无论风雪严寒，他不顾天险在前，不顾猛兽阻道，坚持前进。

　　盛夏，调查队到了茂汶县。那地方，从夏天到秋天，整月风雨不停。箭竹密密麻麻，每片竹叶都附着亮晶晶的雨水，人一动，它就没你一身。胡锦矗和他的伙伴们在密林里穿行，每天身上的衣服都是湿淋淋的，要等老天爷垂下夜幕，才能拉开帐篷，生火烘烤湿衣服。

　　夜晚难熬。大家带着整天爬山的困倦，睡得正香甜时，冰冷的雨滴透过帐篷，钻进鸭绒被子，扰乱人的睡眠。

　　时间再往后移，便是冰雪天。还在金色的十月，大熊猫的家乡就已天寒地冻。国庆节刚过一周，胡锦矗率领师生来到雷波县，那里仿佛冰雪世界，寒彻大地，山上有的鸟儿也冻死了。然而调查队队员的脸上竟都红云朵朵，喜在眉梢，考察一刻不停，因为现在是他们凭雪辨踪追寻大熊猫的好时机。

可是，大熊猫在哪里呢？他们穿过雪地，再翻高山。这里是汶川县境内的一座无名高山。古人说，蜀道难，难于上青天，这地方根本没有道路，也无人烟。为安全起见，胡锦矗将调查队一分为二，自己带一批身体健壮的队员，向最陡峭的北坡进发。剩下的队员，带上全队的补给粮草，从另一个方向迂回前去接应他们。

好难攀登的北坡啊！身子壮实的胡锦矗，背着沉重的行李包，在前面艰难地爬行。他气喘吁吁，汗如雨下。爬上一道绝壁，面前又横着一道更陡峭的绝壁。越前行，越艰险，人随时可能粉身碎骨。

走到第4天，当地几个帮忙运行李兼做向导的农民害怕了，他们宁愿不要每天8元的报酬，也要坚决往回走。胡锦矗检查背篼，里面的粮食已经所剩无几。他打开军用地图，拿放大镜照，惊呆了。几天来，他们只移动了四五平方千米，距离目的地还远着哩。怎么办？大家知道胡老师是下了决心就不轻易动摇和退缩的人，他浓眉一皱，当机立断，让农民和体力差的同学，日夜兼程返回驻地，自己和虞老师领着3个同学，带上仅有的几斤大米和腊肉，继续攀登，继续前进。粮食欠缺，他发动大家采羌活花、挖鹿耳韭等野菜填肚子。

历经千辛，他和小分队一行终于登上海拔4200米的绝顶草甸地带。这里是另一个世界。草地平展，野花盛开。

次日，东方刚露鱼肚白，胡锦矗又领着大家向无名深谷走去。下一山，又上另一山。渡涧穿峡，穿峡渡涧，搭"人桥"时他站在激流最深处，作中流砥柱。调查队走进一条幽深的峡谷，谷底流水如野马奔腾，面前没有通向彼岸的路径，只有从岩缝中长出的一丛丛野藤，为来去的猴群架起了一座"藤桥"。他和大家面面相觑一阵以后，首先爬上"藤桥"，摇摇晃晃地过去了。后面的人一个个也战战兢兢地走过去。这哪里是在过桥，他们简直是在表演杂技，走"钢丝"啊。

他们走过"藤桥"，正从岩脚朝上爬，一头灰色野牛瞪着两眼，直向走在前面的胡锦矗冲来。他赶紧将身子一闪，朝侧边倒下。那野牛"哞哞"地叫着，扑空而去，头也不回。他站起来，自言自语道："正愁见不着你哩。"走在后面的队员问他："你为啥要见野牛呢？"

他笑一笑说："那野牛不是孤立的，它是这里动物群落中的一员，说不定大熊猫……"

"大熊猫"3个字刚冒出口，前竹林下几大团大熊猫粪便便映入眼帘。他走近一看，余温尚存，立即掏出手巾，将粪团包好，圆圆的大脸上堆满了喜色。

他将那粪便烘烤干，进行仔细分析，从中获得了许多有用的信息。比如从中判断出大熊猫的年龄、性别，大熊猫粪便还能用于研究它的消化情况、健康情况，等等。大熊猫食量大，排粪勤，还可以凭粪便对它进行追踪。

约莫半小时以后，他在一棵大樟树下，发现大熊猫头天晚上睡觉的"卧室"周围横七竖八地散落着好几十团粪便。他拿小软尺比量了那粪团的直径和长度以后，细心查看。那大熊猫早晨起来，走出卧穴不远，便开始东一拐、西一拐地在行进中吃竹子。在周围的箭竹丛里，他顺着大熊猫走的路径，边走边取样做记录，看大熊猫爱吃什么样的竹子。

突然间，路断了。前面是清清的溪流，大熊猫的脚印下了河，到了水边，然后上岸拐到鹰嘴石上，再返回竹林。竹林里，在用箭竹拱成的"窝棚"附近留下了一些吃残了的竹子。傍岩壁，箭竹丛有一条似圆非圆的孔道。胡锦矗看得出来，大熊猫吃饱了竹子，就下河喝水，上鹰嘴石晒太阳了。随后，它返回竹林，在临时窝棚里拉伸睡觉。醒来以后，又吃竹子。末了，穿林而去。它的体重少说也有 100 公斤，脚掌宽大，密匝匝的箭竹丛经它一通过，便形成了一条"隧道"。那圆形孔道，正是它的去路所在。

胡锦矗在"隧道"里爬行。他身高体胖，向前爬行了 10 分钟，就要停下来歇一歇。他喘气不已，衣衫湿透，灰尘、枯枝败叶落到脸上和颈上，又随汗水流到前胸后背，刺得皮肤又痒又痛，比攀登北坡还要艰难许多。

当胡锦矗艰难地走出"隧道"时，山鸡"咯咯咯"地呼唤着伴侣，纷纷归巢。他一边往回走，一边在想："不知这大熊猫今晚会到哪棵大树下去投宿呢？"

·弄清国宝处境

第二天清早，一对火焰般的太阳鸟刚飞出林盘，胡锦矗就带人马出发了。这天，他们没有找到大熊猫前天晚上下榻的地方，只发现在清清的溪流边，有几处大熊猫的新脚印。

于是，他们连带的干粮都顾不上吃，就跟着大熊猫的脚印，一股劲往前追，直到山麻雀争睡觉地盘，把山都惊动了，大家才慌着往回赶。他们回到驻地时，已经 12 点，胡锦矗很困倦，不想吃，不想喝，衣服也不想脱，就钻进了被窝。

但是，他睡不着。

后来，调查队买来猪肉打牙祭，胡锦矗将骨头放进火塘，烧得嘶嘶作响，香味随风远溢。不一会儿，一头健壮的大熊猫走出竹林，望向飘烟的地方，探头探脑地走近，抓起一根未烧着的骨头就迅速离开了。

胡锦矗追踪过去。大熊猫含着骨头，坐下来正要吃，林中跑出一群狼袭击它。那大熊猫一反温文尔雅的常态，一屁股坐在地上，怒目喷鼻。馋涎欲滴的恶狼们，一齐扑上来。它一声怒吼，吓得狼全朝后退，它趁机一闪爬上了大树。恶狼们只能干瞪眼一阵，无可奈何，只好溜走。以前，他弄不明白，为什么大熊猫总是要选择在大树多的地方栖息，夜间也要在大树下住宿。现在，他清楚了，这是大熊猫为了防备天敌袭击它。

胡锦矗看到大熊猫有对付天敌的出色本领，感到十分快慰。然而，不愉快的事情很快就出现了。当调查队走到九龙山时，一头大熊猫病态十足，坐在小溪边，看见人也一动不动。见大熊猫病情严重，胡锦矗当机立断，把它搬到驻地去治疗。可惜，他们所带的药物不奏效，那可怜的大熊猫还是死去了。

这是一个难得的研究机会。胡锦矗亲自操刀，解剖大熊猫的尸体。它有着较大的头骨、发达的嚼肌，以及有力的臼齿，很适合咀嚼坚韧的竹子。它的肠子却比一般草食动物短，只有它们的七分之一或八分之一长，因肠道短，大熊猫吃竹子不能充分消化，只能吸收少部分营养物质，大量的纤维几乎被原封不动地排出体外。难怪它每天要吃那么多竹子，排那么多粪便。肠和胃里蛔虫成堆，他逐条点数，大大小小有2000多条，这是置大熊猫于死地的祸根。他取了样，留了标本。他觉得，这些是重大的发现。

往后，凡是有死去的大熊猫，不管是听别人说还是自己发现的，也不管翻山越岭要走多远，哪怕已经腐烂发臭，他都要跑过去解剖。那些死去的大熊猫中，被蛔虫断送性命的占相当大的比例，他粗略统计，每年死于蛔虫病的大熊猫不下20只。

对此，胡锦矗很痛心。他着手重点考察，一条沟一条沟地考察大熊猫的栖息环境，发现大熊猫感染蛔虫病，几乎都发生在接近有人烟和农耕地的地方。于是他得出结论：大熊猫感染蛔虫病是由于栖息地与人的生活范围太接近，生态环境受到污染所致。

1975年夏天，胡锦矗领着师生到龙门山脉调查时，发现岷山地区大熊猫的主食箭竹成片死亡，生活在这一带的大熊猫处于严重饥饿状态，他立即向省林业厅报告。随后，国家林业部（现为国家林业和草原局）拨出大笔专款，抢救大熊猫，调查队也投入了战斗。之后，胡锦矗经过广泛调查，发现四川有20种竹子可供大熊猫食用，并发现凡是因竹子枯死导致大熊猫受灾的地方，那里的竹子种类都很单一；相反，竹子种类较多的地方，一种竹子枯死，别的竹子照常生长，大熊猫不受饥荒，生活安定。于是，他提出一个大胆的设想：在大熊猫常闹饥荒的地方，可人工培植增加竹子的种类，改变那里竹子生长的布局结构，从根本上解除大熊猫的饥饿困境。

胡锦矗率领调查队，在大熊猫的家乡接连奔波了4个春夏秋冬，岷山、邛崃、大小相岭和大凉山的高山深谷都有他们留下的脚印。胡锦矗本来身体很壮实，每进山考察一次下来，体重就减轻20多斤，肚子缩小，脸盘精瘦，眼睛变大，人们便给他取了个外号，叫他"外星人"。可是，他毫不在意，调查队的成员换了一批又一批，而他仍留在调查队，当领头雁，坚持干到底。他对大熊猫生活区的自然生态，大熊猫在野外的生活习性、种群分布、数量和处境等都有深入了解，第一次弄清了我国大熊猫资源有两千多只。他的艰辛劳动，为保护大熊猫打下了良好的基础，并且直接促成了国家在大熊猫分布比较密集的几个地区建立了自然保护区，使境内的大熊猫和其他野生动物都受到有效的保护。

· 不信东风唤不回

到此，胡锦矗保护大熊猫的任务已经完成了吗？没有。他通过数年的野外考察，发现在大熊猫的种群中，标志生命延续希望的幼体数量还不到五分之一。他觉得，大熊猫繁殖是一个非常严重的问题，当务之急是开展保护大熊猫的科学研究工作。

事情按照胡锦矗的科学见地在发展。很快，国家决定在卧龙国家级自然保护区建立大熊猫饲养繁殖场和野外生态观察站，开展保护大熊猫的研究工作，由他负责指导。

胡锦矗的愿望实现了。他更加朝气蓬勃，蹲在五一棚野外观察站，带领工作人员，对大熊猫进行定点观察，深入探索大熊猫的生态奥秘。他同工作人员一起住帐篷，风餐露宿，成年累月地生活在深山里，同一些野生动物都混熟了，居住营地附近的3只松鼠看见他走出帐篷，便无拘无束地跑到他面前去，捡摊在他手里的东西吃。大熊猫视他如故人，时不时走近营地看望他和其他工作人员。就这样，大熊猫向他们透露了许多自身的生活秘密。

大熊猫是典型的独身主义者。平时，它们孑身自处，要到物色恋爱对象的时候，才三三两两地混在一起。它们彼此找对象都很挑剔，经常是不欢而散。雄性常常要经过一场"决斗"，彻底战胜对手，方能赢得对象的爱慕。但是，双方一经中意，往往会成为一对海枯石烂不变心的恋人，彼此形影不离，追逐嬉戏，深深沉浸在爱情的海洋里。

大熊猫有许多相依为命的好朋友：羚牛、金丝猴、白唇鹿、毛冠鹿……它们之间不存在弱肉强食的利害冲突。羚牛和白唇鹿、毛冠鹿耳朵灵，金丝猴站得高，眼力好，脑袋瓜子灵，它们是最可靠的"哨兵"。只要看到金丝猴成群结队，叫闹着在高大的云杉树上采食，或垂着尾巴静悄悄地睡觉，大熊猫就会放心大胆地在林中吃、玩、打盹。

豺狼、恶豹是大熊猫的死敌，专门伤害它们中的老小，弄得它们很苦恼。幼崽一生下来，大熊猫妈妈怕它们遭遇不幸，往往不让幼崽离开自己一步。可尽管这样，幼崽还是不时遭到恶豹暗算，大熊猫妈妈为此十分忧伤。

1981 年，胡锦矗主编的《卧龙自然保护区大熊猫、金丝猴、牛羚生态生物学研究》出版以后，世界自然基金会主席评价说："这本书为大熊猫生态生物学研究打下了扎实的基础。"这是他走遍大熊猫家乡，调查数年，又定点考察两年取得的辉煌研究成果。

这部著作里面有定点考察的新发现。在建立保护区以后，随着保护措施的加强与完善，境内动物群的结构与类型也朝着稳定性、多样性发展，而大熊猫在动物群中的功能作用和所占空间逐渐受到排斥。加上大熊猫各种群间几乎老死不相往来，造成生育率低，强化了濒危趋势。

这一新发现，向胡锦矗的研究工作提出了更高的要求。以前，搞普查主要是了解大熊猫的分布情况和种群数量，而定点观察，是为了弄清它们是怎样生活的。现在则需要了解为什么是这样，要对大熊猫的生态生物学、生理学诸方面的问题，做出科学的回答。比如说，大熊猫习惯吃竹子，以及爱吃什么样的竹子，这已经是清楚的，但是我们不知道的是，这些习惯是怎么形成的。问题涉及各个学科，要深化研究，需要各方面的专家通力合作。一代人不行，需要几代人的相继努力；不是一般的努力，而是要有同时间赛跑的冲劲。否则，我们不可能把大熊猫从绝境中完全解救出来。

第八章　生殖探索人

· 为两个 10% 焦急

四川大学生物系教授冯文和曾写过一篇文章，题目叫《保护野生动物，就是保护人类自己》。正是基于这样的观点，他一直致力于大熊猫的研究。

冯文和是四川省西充县人。他曾经担任脊椎动物学、鸟兽分类学、生态学、微生物学、组织学、组织胚胎学、实验分类学、繁殖生物学等课程的老师，做过不少实验。多年来，他在完成教学任务的同时，还担任林麝、家猪、大熊猫等动物研究的科研项目，发表 100 余篇科学论文。

1975 年，岷山箭竹大面积枯死，饥饿夺走了许多大熊猫的生命。1979 年，四川大学生物系的志士仁人，响应国家振兴科学的号召，成立保护大熊猫的科学研究室，冯文和任研究室主任。从此，冯文和便把大部分精力投入到保护大熊猫的研究中。

世人皆知，大熊猫繁殖能力极低。究竟低到什么程度？冯文和对来自不同山系、不同年龄的饲养雌性大熊猫配种、产崽及成活情况进行统计分析以后，得出结论：在我国人工饲养的大熊猫中，能产崽的约为 10%，产崽能成活的也只有 10% 左右。

在动物界里，很难找到比大熊猫繁殖能力更低的动物。冯文和对这两个 10% 很焦急，拯救濒危国宝的强烈责任感，促使他去寻找大熊猫繁殖能力低的原因。

1982 年，他得到成都动物园兽医师叶志勇的支持，解剖了两只雌性大熊猫的生殖器官，做组织学观察。这两只大熊猫，一只 10 岁以上，正值壮年时期，非正常死亡，另一只 4 岁，因病死亡，各器官已成熟。他将它们生殖器官的各个部位作解剖和组织学观察，发现它们正处于发情期。很奇特的是，它们卵巢里卵泡数量很多，而且成堆分布，但差不多都是几个或几十个重叠成块。如此，卵泡不能正常发育，成熟排出的极少。这表明大熊猫的卵巢结构高度特化。达尔文认为：动物某些特征，如果过分地发达或特化，对其本身反而不利，有些特化很高的动物，一旦环境变化，便不能适应，从而灭绝。冯文和认为，大熊猫正是由于生殖器官高度特化才有走向衰落的趋势的。

当时，国内外对大熊猫的研究，大多集中在分类、野外生态，以及饲养条件下的疾病防治等方面，而对器官系统的研究较少。国内曾报道过大熊猫的脑外形、消化器官、颅骨外形及牙齿的比较解剖。在国外，有的学者对大熊猫的许多器官，做了比较详细的外形观察，对雌性生殖器官只做过极简单的描述。而冯文和对大熊猫雌性生殖器官进行成功的解剖和组织学观察，填补了研究空白。

从 1983 年箭竹大面积开花枯死起，岷山、邛崃、大凉山和大小相岭不断传来大熊猫饿死的噩耗。在四川省林业厅野生动物保护处的支持下，到 1993 年 6 月，四川大学生物系大熊猫研究室收到各地送来的大熊猫尸体有 50 余具。这为冯文和开展研究工作提供了样本。

这 50 余具样本中，有雌的，有雄的，有老的，有壮的，有青年的，也有少年的。冯文和眼见大熊猫的悲惨处境，觉得作为科学工作者，不能丧失拯救大熊猫的信心，不能束手无策等它灭绝，而应该加倍努力工作，在加强对其原栖息地的保护的同时，踏踏实实地开展保护它的研究工作。

出于这样的考虑，冯文和同有关单位的专家合作，历时 5 年多，对 14 具大熊猫尸体进行研究，同时重点研究大熊猫的卵巢。四川省林业厅和各级政府很支持他的事业，发现了死去的大熊猫，都送到四川大学生物系，供他解剖研究。这 14 具尸体样本，处于发情期的有 10 只，性成熟前期的有 2 只，非发情期的有 2 只，他将它们的卵巢一一做解剖和组织学观察，同时请中国科学院动物研究所的专家做透射电镜和扫描电镜分析，请四川大学原子核科学技术研究所的专家用核技术做微量元素测定和分析。他在实验室足不出户，很快有了新的发现：大熊猫卵巢里成熟和接近成熟的卵泡里黄化现象普遍，卵子退化被吸收，卵泡体积剧增，里面充满液体，形成了典型的囊肿。卵巢组织细胞里锌等微量元素含量很低……这些是影响大熊猫卵细胞发育和正常排卵的重要因素。

随后，冯文和又打破砂锅问到底，进一步寻找大熊猫卵巢的卵泡闭锁和囊肿的原因。1988 年 5 月，四川南坪县在野外发现一只胸椎断裂的 8 岁雌性大熊猫，经抢救无效死亡。冯文和与中国科学院动物研究所、成都大熊猫繁育研究基地的专家应用扫描电镜技术，对伤亡大熊猫的输卵管、子宫、阴道等进行系统观察。接着，选择 4 岁、10 岁和 15 岁 3 种年龄正处于发情季的大熊猫的卵巢做电镜观察。他们认为，大熊猫卵巢出现自发性卵泡闭锁和囊肿的原因，可能与生殖内分泌失调有关。

· 揭开雄性不育之谜

雌性大熊猫的情况，大体如此。大熊猫繁殖能力低，雄性大熊猫有没有责任呢?

从我国开展大熊猫外交之后的 35 年中，世界范围内人工饲养的大熊猫约有 200 多只，雌雄各半。在 100 多只雄性大熊猫中，能够自然交配的只有 10 来只，还不到雄性总数的 10%。原因何在?冯文和是个有心人，1983 年以来，各地送来饿死、病死和其他因素致死的 15 只雄性大熊猫尸体，他通通保存了下来。为了揭开雄性大熊猫大部分不育这个谜，他不辞辛劳，又对这 15 只雄性大熊猫的生殖器官做了一系列的研究。

冯文和根据这 15 只雄性大熊猫牙齿的磨面磨损程度，判断出它们的年龄，并给它们编号，做病理解剖分析。

首先，冯文和取它们中无病变的生殖器官，做不同年龄、不同季节的生长发育和性周期形态结构变化等研究。他发现，雄性大熊猫到性成熟时，睾丸明显增大，下降到阴囊内。有的个体，一侧睾丸下降到阴囊内，另一侧则在体壁外。还有的个体，一侧睾丸生长发育正常，而另一侧体积仅有正常睾丸的三分之一。到发情期，睾丸会增大增重，附睾丸及输精管壁变薄，管腔膨大，管内有精子，分布均匀。

据此，冯文和认为：睾丸大小和它能否下垂到阴囊内，是影响雄性大熊猫性欲和自然交配能力的因素之一。从每年 3 月下旬至 5 月中旬春暖花开的时候，雄性大熊猫的睾丸体积增大，重量会增加，生精细胞生长。这表明，大熊猫的性功能受时间、环境的影响较大。

从世界人工饲养大熊猫多年的历史来看，自然交配受孕率为60%左右。没有自然交配能力的大熊猫，实行人工采精后，将其精液给雌性做新鲜或冷冻精液授精，也能够让雌性受孕，产崽率达30%左右，后代成长正常，且双胞胎多。这又引起冯文和的探索兴趣，在成都动物园的支持下，他精心进行大熊猫精液品质的研究。他对有自然交配能力和没有性欲表现的11只雄性大熊猫共进行11次人工采精，做精液理化性质等分析，同时对13只在发情季节死亡的雄性大熊猫的睾丸进行称重，测定体积，与人工采精结合分析，还与10种猫科动物和食草动物做对比研究。

大熊猫的精子形形色色，有大头、小头、光头、双头、双尾、卷尾等，各种各样的形状，畸形率远远超过其他动物。冯文和认为，这是大熊猫自然交配和人工授精受孕率低的重要原因。他从分析各种测定数据中还看出，大熊猫在发情高峰时，精液量多，精子密度高、活力强、畸形率低，为寻求人工采精、授精的最佳时间找到了科学依据。

哺乳动物的精子需要通过雌性的生殖道获得授精能力，方能同卵子结合，实现授精，科学家称之为获能。它是一个十分复杂的生命现象。在体外授精，获能需要一定的环境条件和时间，而且不同动物的精子所需的获能条件不一样。冯文和通过实验，了解了大熊猫精子的品质及采精的最佳时间以后，又连续做精子体外获能试验。

他精心地将冷冻的大熊猫精子复苏，然后培养它去获能，并用能接收不同种的精子的地鼠卵试验其获能情况。

当冯文和开动实验仪器以后，电子显微镜下不断出现奇迹：大熊猫精子获能以前，群集成缯钱状结构，彼此以头部的质膜贴摞在一起。获能以后，便逐渐分散开来，并做直线运动，头部质膜慢慢膨大、破裂，随后顶体脱落，成为火箭形状。地鼠卵被大熊猫获能精子穿入以后，出现明显的异常形态变化。

平素笑容少的冯文和立马喜形于色，他觉得对大熊猫精子体外获能和穿卵的成功试验，意味着大熊猫体外授精是可能的，试管繁殖大熊猫有望。

·死亡分析

试管大熊猫一旦出世，人们应怎样哺育它？会产生哪些疾病？怎样防治这些疾病？为在这些方面探索出路子，冯文和将1903年至1986年6月获得的33具野外大熊猫尸体和2只动物园病死的大熊猫尸体，一一做死亡分析。

在这35只大熊猫中，除3具尸体已经腐烂，一只长期在动物园生活的未查出蛔虫外，其余大熊猫体内都或多或少有蛔虫的存在。有一只在动物园饲养的大熊猫，虽然每年要给它驱两次虫，但它体内仍有蛔虫寄生。从年龄上来看，成年大熊猫中感染蛔虫的数量占比为 70% 左右。

小小的蛔虫，严重危及大熊猫的生命。在解剖的大熊猫尸体中，体内蛔虫少的有几条至几十条，多的有几百至上千条。在受灾缺乏食物的情况下，大熊猫本来就营养不良，再加上体内的蛔虫还要从它身上吸取营养物质，身体便更见虚弱，不能抵抗各种疾病的侵袭。解剖的大熊猫中，就有 22 只是因感染蛔虫，直接或间接死去的。

通过对大熊猫的死亡分析，冯文和认为，即使在灾荒年代，大熊猫的死亡也大都是病症造成的，纯属饿死的寥寥。

地球上的生物都需要根据生活要求，摄取需要的微量元素。若是生物缺少了所需要的微量元素，其细胞的生命活力受阻，再多的营养物质也不能加以利用，会导致种种疾病。微量元素与生物的生存、健康和疾病的关系很大。因此，冯文和特地同本校原子核科学技术研究所的人员一起，应用质子激发 X 射线的方法，分析研究健康的和有疾病的大熊猫的毛发和肝脏微量元素的含量。

实验结果显示，大熊猫患癫痫病，与缺钙引起低血钙导致痉挛有关。

据调查，大熊猫种群中得癫痫病的不少。

成都动物园有两只患癫痫病的大熊猫，一只是雄性，年龄 15 岁，自幼从野外捕来，一直饲养在这个动物园里，有癫痫病史多年。另一只是雌性，10 岁，也是幼时从野外捕入动物园饲养，连续患癫痫病 3 年多。它们都因病情恶化，分别于 1984 年 6 月和 9 月死去。冯文和将它们的 10 种组织器官，同 5 只有病的和 5 只健康的大熊猫反复做对比分析。结果显示，患癫痫病的大熊猫，血清和骨骼肌乳酸脱氢酶同工酶活力变化最为突出，其次是肾脏。这可能反映此病发病学中的重要生化指标。

冯文和做了一番调查，从 20 世纪 50 年代国内人工饲养大熊猫以来，仅北京和成都两个动物园患癫痫病死亡的大熊猫就有多只。它们中有刚从野外捕获，经过长途运输入园不久的雄性大熊猫；有在饲养中繁殖了 3 胎的雌性大熊猫，也有自幼入园一直人工饲养的成年大熊猫。据兽医解释，大熊猫发生癫痫病，多半是由于在捕捉当中感到恐惧，或在运输中受到颠簸，以及受到人为的各种嘈杂声音的刺激而引起的神经功能紊乱。

因此，冯文和提出，饲养大熊猫的场地，应建在幽静和污染少的地方，大熊猫繁殖场地应严禁对外开放。使用麻醉药物，应根据每个大熊猫的神经类型、体况确定药品和剂量，以减少对大熊猫的刺激，以免使它过分受惊。从长远来看，从大熊猫幼龄时就开始驯化，使它失去野性，是人工饲养繁殖大熊猫的重要环节。

多年来，冯文和为保护大熊猫物种，花了许多心血。他研究大熊猫的成果丰硕，主编有《大熊猫生殖生理及人工繁殖》《大熊猫繁殖与疾病研究》等专著，具有重要理论和实用价值。

多年来,冯文和一直在继续自己的研究工作,围绕着大熊猫多配、多怀、多产、多成活的方向纵深发展，为大熊猫种群的良性发展做出努力。

中　篇：
自然保护区生态探索

第九章　大自然的智慧安排

　　大熊猫的祖先是肉食动物，但因自然生态环境的急剧变化，生存竞争激烈，也进食素食。在人类的祖先出现后，大熊猫的生存受到新的挑战。随着人类生产力的迅速发展，人与自然的关系成了"人进森林退"这种很难逆转的方式，大熊猫的生存状况越来越不妙。

　　森林是大地的衣衫，陆地自然生态的基石，野生动物们赖以生存的家园，一旦森林没有了，它们便无处安身立命。现有的化石证明，大熊猫曾广泛地分布在我国黄河以南的地区，在过去的 2000 年间，河南、湖南、湖北、云南、广州等地，还有大熊猫的踪迹。大熊猫的分布地逐步向温带丛林地区退缩，最后退到川、陕、甘交界的几大山系的森林孤岛上。

所幸的是，大自然早有预谋。大约在大熊猫的祖先将出世的年代，大地就开始为它的生存发展谋后路了。先掀起了喜马拉雅造山运动，地壳在抬升、切割等过程中，形成了四川西南边绵延的岷山、邛崃、凉山诸山系。又经过地壳的不断运动，横亘在川、陕、甘交界的秦巴山系形成。至此，四川盆地的环形屏障形成。

境内，自然环境优异。地面深切，高山深谷纵横，有数不清的高山湖泊，星罗棋布，数千条大小河流穿流其中，地貌奇特，有海，有沙漠，有干热河谷，最高海拔与最低海拔间落差巨大，其气候类型多样，可概括为——冬暖夏凉，气候温暖，雨量充沛。这里是地球上生物多样性热点地区之一，是世界珍贵的生物多样性基因宝库之一。目前，生活在这里的脊椎动物有近1300种，占全国总数的45%以上。兽类和鸟类约占全国的53%，其中兽类217种、鸟类625种、爬行类84种、两栖类90种、鱼类230种，国家重点保护野生动物有145种，占全国的39.6%，为全国首位；高等植物有1万余种，占全国总数的1/3，仅次于云南。（以上数据来自四川省生态环境厅2021年5月数据）这里是货真价实的金山银山。森林是不见堤坝的"水库"，这里的水利资源尤为丰富。更可喜的是，这里风调雨顺，四季如春，宜物宜人，自然生态环境丰富多彩，得天独厚，不愧被称为"天府之国"。今天，四川成为大熊猫绝处逢生、绵延种群的最后必选之地，是大自然的智慧安排。

为保护生活在这里的以大熊猫为主的珍稀动植物和自然生态环境，我国从 1963 年开始着手建立自然保护区。至 2018 年 10 月，四川已建立了 166 个自然保护区，有野生动物、野生植物、森林生态、内陆湿地等多种类型。1983 年至 1988 年，岷山和邛崃地区竹子大面积开花枯死，使大熊猫深陷危机。临危之际，笔者专程造访了各个自然保护区，探寻天府大地的自然生态现状，本书将挑选与大熊猫相关的部分进行介绍。

第十章　大熊猫研究中心——幽谷新城

　　起先，中国大熊猫保护研究中心饲养繁殖基地设在曲径幽深的英雄沟。随后，世界自然基金会出资在核桃坪修建研究中心实验站工程，新建一幢大熊猫圈舍，还有熊猫医院、保育园、饲养繁殖场等。

　　核桃坪在皮条河附近以满山生长着野核桃树而得名。实验站的建筑设施分布在皮条河的左右两岸，一边是实验室，分为动物生态、行为生态、繁殖生理、生物化学、兽医和科学情报六大室，实验室均采用现代化的设备；一边是饲养繁殖场，同实验室有桥梁相通，核桃坪基地仿若一座幽谷中的新城。

　　凡是到卧龙保护区参观的客人，都会要求去核桃坪看一看，可他们并不是被这里苍翠的青山、清澈的河水和袅袅的晨雾组成的美丽景色吸引，而是要观赏居住在饲养繁殖基地的一大批大熊猫"少男少女"。

核桃坪的"熊猫大院"建成后，入住的大熊猫居民有：

佳佳，住一号房间，是个很成熟的大姑娘。它生性活泼，长相美丽，看模样挺贤淑。

岑岗，住二号房间，雌性，老家在平武县。它年龄不大，却像个老头儿，客人来到面前，它不冷不热，甚至避而远之。

丽丽，住三号房间，雌性。它的确美丽，性情又温和，参观的客人都喜欢给它拍照。

涛涛，住四号房间，是个小姑娘。可它在生活中经历了不少磨难，在灾荒年中，它饥饿难熬，下山觅食，被不法之人设下的钢丝套勒成重伤，差一点丢掉性命。被一工人发现后，有关部门的工作人员将其送到县医院，成功救活了它。

全全，住五号房间，成年雄性。它也有一段不平凡的生活经历。它的老家在天全县，1983年那里闹灾荒，它下山找吃的，因体力不支从悬崖上摔下，头部受重伤，成都动物园兽医院将它从垂死中救活了。省林业厅野生动物保护处决定，让它到中国大熊猫保护研究中心饲养繁殖基地定居。

三山，住六号房间，雄性。在饲养繁殖基地定居的大熊猫中，数它的脾气最不好。一旦有人接近它，它总是要嚎叫着动爪子，想抓人、咬人。

青青，住七号房间，是个热情好客的大姑娘。它很大方，客人喊它翻跟斗，它便一个接一个地翻，卧在地上，滚来滚去，像转陀螺似的，令人忍俊不禁。

美美，雌性，住八号房间，圆圆的脸庞，毛色又白又亮，不愧芳名。它很随和，只要有人一喊它的名字，它便马上与人亲近。但是，要当心，它很容易发怒，稍不留意就有被它抓伤的危险。

饲养繁殖基地的10套房间以前都有大熊猫居住，九号和十号房间是桦桦和珍珍的寓所，它们去五一棚观察站居住以后，这两套圈舍一直空着。

1984年12月，饲养繁殖基地的大熊猫居民迎来了第一批海外小客人——美国青少年抢救大熊猫访问团。

访问团一共有十位小朋友，由美国加利福尼亚大学物理学教授周传均及其夫人周远带领，还有一位女教师随行。十位小朋友中，年龄最大的16岁，最小的只有10岁。他们很喜欢大熊猫，1984年6月，笔者写的 *the panda crisis*（文章刊登在《中国建设》杂志（英文版）第三期）发行到美国后，得知中国的大熊猫面临严重的灾荒威胁，中学生周德汉和其同学程鹏邀约其他青少年，成立了保护大熊猫协会，他们四方奔走，为拯救大熊猫发起募捐活动，募集了近10万美元以帮助大熊猫度过饥荒。

小朋友们热心地为拯救大熊猫出力，大熊猫故乡的人民特邀请他们来做客。这天，为迎接来自大洋彼岸的小客人，居住在"熊猫大院"的八位居民听从饲养员的安排，恭候贵客光临。

小客人们挨家拜访。大熊猫居民们热情地接待了他们。三山平时脾气有些暴躁，而此时却显得格外温和。小客人向它说："Sanshan, come here！"它马上亲昵地走过来，似乎知道他们是远方稀客。

青青聪明活泼，看见客人拿着甘蔗，不等客人开腔，它就自动翻起跟斗来了。当它把甘蔗接过来以后，又一个跟斗接着一个跟斗地翻，而且动作是那样可爱：前肢将头抱住，翻完一个跟斗，仰卧地上，四脚朝天，不停地蹬打，活像杂耍演员。小客人们都乐得直鼓掌，连声说："very nice！ very nice！"

涛涛和全全是从死亡线上抢救过来的"灾民"，对人有感情，特别是全全深谙事理，自己坐着时一动也不动，而当客人走近拍照时，它就有意把头抬起来，任随客人拍照。周德汉攀着全全的肩膀同它合影，它一点都不忸怩。这位少年说："我能同这样多的大熊猫见面，并和全全合影，真是太难得了。"他表示，回到美国后要继续开展保护大熊猫的活动。

日本人对中国大熊猫怀有特殊的感情。当日本人得知我国大熊猫因竹子开花枯死，面临饥饿危机后，许多青少年自动发起了抢救大熊猫的募捐活动，募集金额达 400 万日元。1985 年，广岛青少年儿童代表团应邀来看望大熊猫。

当小客人们来到"熊猫大院"，看到那些惹人喜爱的大熊猫，一个个开心极了，一起惊叫着："太好了！太好了！"争先恐后地给大熊猫拍照。

原先空着的两套圈舍，后来都有居民了。它们是来自平武县的明明和平平。明明是第一个出来迎接小客人的，十几部相机对着它，咔嚓，咔嚓，不停地响。小客人们听说平平是《熊猫历险记》影片的主角，都把相机镜头对准了它。看来，它理解客人们的心情，立刻不吃竹子了，端端正正地坐着，让大家尽情地拍。

美美是大熊猫居民中出类拔萃的"美人"。那天，它打扮得特别漂亮，老团长拉着两位小朋友，同它合了影。

在来访的小客人中，小道美宝参观"熊猫大院"时最快活。她拿起相机，来回跑动，给所有的熊猫居民都拍了照。

值得一提的是，两国的小朋友一起，在保护区管理局旁的山上种了40株象征友谊长青的四川红杉和竹子。每一株都是两国小朋友你栽苗，我培土；每株小树下都有两国小朋友脸上滴下的汗珠。

代表团离开卧龙前，两国的小朋友三三两两，手拉手，自发地到"熊猫故乡"牌坊前面合影留念。当两辆载着小客人的旅行车启动后，大家都万分激动。车上车下，双双小手握了又握，两国的小朋友不由得都落下了热泪。

这些情景对增强中日两国人民的友谊，推动中国和世界各国人民的心灵交流，增进人类生态文明意识等大有裨益。

中国大熊猫保护研究中心建立饲养繁殖场，目的是要通过实践研究解决熊猫繁殖力低的问题。为避免近亲相配，研究中心前前后后从异地挑选来15位大熊猫居民，7雄8雌，年龄最大的17岁，最小的3岁，青壮年占大多数。这一群大熊猫的婚姻及生儿育女的情况如何？概言之，不是很理想。

先说雄性大熊猫的表现。

三山，性情孤僻，缺少雄性气质，雌性主动求婚，它竟无动于衷，不理不睬。当时，饲养繁殖场中，它是唯一的雄性。见它是这种情况，研究中心便把接收的"灾民"桦桦弄来当"上门女婿"。不料，桦桦也不食人间烟火，看见异性就避而远之。

韶华易逝，一晃几年过去了。佳佳、青青和丽丽都已成"大龄姑娘"，研究中心决定送它们到成都动物园相亲求偶。起初，佳佳表现含蓄，情不外露，到了动物园一个月后才开始发情，烦躁不安，不时发出"咩咩"的求偶声。可是，她非常挑剔，相亲的雄性还未靠拢，她就嚎叫开了，将其拒之门外。强强是成都动物园饲养的大熊猫中的"美男子"，好些从外地动物园来的相亲者一来就看上了它，也同样遭到了佳佳粗暴的拒绝。

看起来，佳佳对当时成都动物园的6号雄性不那么反感，对方可以接近，同她一起玩一会儿，但是，仅此而已。当它们再次见面时，又如同路人，甚至咬打起来。于是，动物园的科研人员只好先后给她做了三次人工授精。大家满以为佳佳秋天要生崽，结果大失所望。

丽丽到了成都动物园后，9号、6号和强强这三个雄性大熊猫都向它献殷勤，围着它转，可它一个也不中意。当时，全全跌伤被救活后留园，却被丽丽看中了，但是不知是全全年幼，还是体况未完全康复，它不太搭理丽丽，甚至咬了丽丽几口，最后也是不欢而散。

不过事情也有转机。没隔多久，全全到卧龙中国大熊猫保护研究中心饲养繁殖基地落户了。1986年春天，丽丽和全全的婚事成了，秋天丽丽生下一只可爱的幼崽，为卧龙国家级自然保护区增添了光彩。在我国大熊猫保护区中，卧龙国家级自然保护区是第一个饲养繁殖成功了大熊猫幼崽的。令人遗憾的是，幼崽生长不到1岁，就生病夭折了。当时，丽丽年纪已经很大了，打那以后它就没有再次生儿育女的想法了。

时隔几年，后来的新居民冬冬和盼盼于1991年春成功完成婚配，中秋产下双胞胎，国家林业局和中国野生动物保护协会向中国大熊猫保护研究中心发来贺电。冬冬不知何故，只饲养其中一只幼崽，另一只生下就不管了。科研人员只好实行人工哺育，开始人工饲养幼崽。由于吸不到母乳缺乏免疫力，幼崽曾多次得病，好在都被医务人员抢救过来了。可惜，它最终还是病死了。不过，纯人工哺育存活一百多天，在当时的大熊猫饲养繁殖史上，也是绝无仅有的。

第十一章　大熊猫野外观察站——唐家河

中国大熊猫保护研究中心第二野外观察站所在地唐家河国家级自然保护区，于 1978 年建立，是我国首批国家示范自然保护区之一。这里还是当年三国时名将邓艾裹毡而下的摩天岭，在去保护区的公路上，昔日动人传说的史迹尚存。许多游客向往这里，不只是为了游览这儿的美景，还被这里丰富多彩的自然生态吸引。

这个保护区面积为 400 平方公里。它位于龙门山北段的高山峡谷区，岷山东北麓，为中高山地貌，最高海拔 3837 米，最低海拔 1150 米。境内，属亚热带季风气候，垂直变化很明显，雨量充沛。海拔和气候的差异带来了保护区内丰富的动植物资源，也使其成为全球生物多样性保护的热点地区之一。

唐家河是一个天然动物园。在这里生息的动物有大熊猫、金丝猴、毛冠鹿、林麝、斑羚、猕猴、短尾猴、金钱豹、云豹、金猫、黑熊、野猪、狐狸、猞猁、水獭、刺猬、羚牛、绿尾虹雉、白马鸡、蓝马鸡、灰斑角雉、勺鸡、太阳鸟等飞禽走兽。它们到处游荡、觅食、嬉戏、和鸣，使深山热闹非凡。笔者很有眼福，有一次天快黑了，当我和保护区管理所所长从山上往回走，快到管理所住处时，所长悄声说："快看！林边有毛冠鹿。"我向山坡望去，只见那只动物头上确有一个帽子似的东西，它发现有人，看了我们一眼后，溜得飞快。所长说，保护区的工作人员巡山，经常会同野生动物不期而遇。有一次他一人巡山，面前突然出现了一头雄赳赳的羚牛。顿时，彼此都停步不动，相互对视着。他举起相机，咔嚓，咔嚓，在距羚牛约五米处给它拍照。不料它被激怒，两眼一瞪，冲了过来。所长从羚牛的表情中看出了它的行动，一闪让开，却让树桩绊倒在地。羚牛冲过来用角一顶，把他的羽绒服顶穿了一个大洞。幸好，所长有经验，躺在地上一动不动，佯装死去。那羚牛用嘴拉他几下，又用鼻子嗅，认为对方确实"完蛋"了，才放心地离去。

境内栖息的数十只大熊猫是保护区的天之骄子，为了让它们有个安静的生活环境，几十家世代居住在这里的农户都迁出了保护区。中国大熊猫保护研究中心第二野外观察站设立在白熊坪，一批中外专家聚集在这深山老林内，风雨无阻、饥寒无畏、昼夜不舍地观察、探索，以求揭示大熊猫的生态奥秘。

当年，观察站物色了5只动物为研究中心提供科研信息。这些动物都有一段特殊经历：

大熊猫唐唐，栖息在专家住地白熊坪附近。当地人称大熊猫为白熊，白熊坪因生活的大熊猫较多而得名。唐唐像成群结队的羚牛、金丝猴一样，经常到专家住地周围去观光。专家们看中了它，便想方设法收它为研究对象。可它在专家住地前后走来走去，就是不进来。于是专家们给它拍照，要当地人帮忙按图捉拿。真巧，头天拍下照片，第二天它就让一群农民发现了，大家将它赶进岩洞内后擒住。它圆头大脸，重65公斤，是个英俊的小伙子。

大熊猫雪雪，常在红石河一带活动。它闯进机关被抓住时正下着大雪，故给它起名叫"雪雪"。它重67.2公斤，乳头略长，说明已当过妈妈。

大熊猫西西，老家在西洋沟，已近徐娘半老了。1984年春天，它因饥饿而晕倒在一家农户附近的麦地里，被一个6岁的孩子发现了。机灵的孩子赶忙跑回家报告此事。家长立即向乡政府报告。青川县一位副县长闻讯后，立刻下令把它送到保护区管理所抢救。专家们花了很大精力把它救活，并把它作为研究对象。西西得救，说明在大熊猫的故乡老幼皆知要保护大熊猫。

黑熊奎奎，身大腰圆，体重90公斤，是一个威武的雄性。专家给它起名叫"奎奎"，是觉得它有点像《水浒传》里的"黑旋风"李逵那样的武勇。它的确有李逵的剽悍，黑熊专家为了抓它，连放

5个麻醉枪,用了1200毫升麻醉剂,它才倒下。可是刚给它量完身体,佩戴好无线电项圈还未来得及拍照,它就苏醒过来了,"呼"的一爪子抓伤了所长的右手臂。按着它的人连忙放开手。它从地上爬起来,像个醉汉,恶狠狠地瞪了大家一眼后,便摇摇晃晃地奔向丛林。

黑熊冲冲,年轻力壮,常栖息在毛香坪。1984年11月,专家们设圈套,轻而易举将它擒获,给它戴上无线电装置项圈后,将它放回了山林。

专家们给大熊猫、黑熊佩戴上无线电装置,是为了对它们的生态行为进行对比考察,是很有意义的行为。

第十二章　大熊猫采集圣地——宝兴县

　　蜂桶寨国家级自然保护区位于四川盆地西部边缘的宝兴县内，地处邛崃山脉中段。境内高山深谷密布，地形特殊，气候复杂多样，它既是许多生物的原始类型分布区，又是一些种群的分化中心，在生物地理学上占有重要地位。

　　这个地方，因动植物资源十分丰富，一直为国内外的科学家们所向往。外国专家先后从这个县采走并定为世界模式标本的动植物，有几十种。大熊猫、金丝猴、树蛙、珙桐等珍稀动植物，也是科学家首次在宝兴县发现后，定为模式标本的。因此，人们便把宝兴县誉为"采集圣地"，证明这里出宝物。

　　宝兴县，的的确确宝物多。首先，它是邛崃山脉大熊猫分布最多的地方。大熊猫研究专家胡锦矗教授曾带领调查队,历时三个多月,走遍全县每一条沟,发现每个乡都有大熊猫频繁活动的痕迹。正是在这个县发现了上百只大熊猫,我们才得以在一些国内动物园见到它们,使人们增加自然生态和科学文化知识;还有一些大熊猫赠送给了英国、朝鲜、日本、墨西哥、美国等国家动物园,向世界人民传递友谊。这些大熊猫在这两方面起到了非常良好的作用。

为保护好这个县的大熊猫和其他珍稀动植物,1979 年国家在蜂桶寨建立了自然保护区,总面积超 1.3 万公顷。工作人员很尽责,向当地群众深入宣传保护珍稀动植物的重要意义。宝兴县的群众都知道大熊猫是国宝,要加倍爱护。大熊猫时不时跑到居民家里去做客,一待就是十天半个月。

保护区内盐井坪村有个村民叫张志全,单家独户住在青山顶上。说来真有趣,有只大熊猫选中这一家做落脚点,白天黑夜都往那里跑。不管主人在不在家,它大模大样地走进屋后就翻箱倒柜,寻找吃的。看见金属东西,它也"咔嚓、咔嚓"地啃,饭锅、铁铲、锄头等被它啃得惨不忍睹,有时,它甚至把装粪水的木桶提跑了。主人被缠得没办法,只好把家从荒寂的山顶迁到山脚人烟密集的地方。在这个县,类似的事情还很多,可以说,这里妨碍大熊猫生存繁衍的人为因素很少,很少。

但是,这里对大熊猫生存威胁比较大的自然灾害无法消除。1983 年,邛崃山脉冷箭竹大面积开花枯死,生活在这一带的大熊猫陷入饥荒困境。宝兴县是重灾区，分布在 2500 米以上的竹子枯死 90% 以上。眼见大熊猫面临饥馑，保护区的职工与当地群众紧密合作，帮助大熊猫度过饥荒。发现哪里有饥饿的大熊猫，他们就奔向哪里，对其进行无微不至的照顾。

当时西河的箭竹全部枯死，一只大熊猫被饥饿所迫，站在河岸边，犹豫一阵后，跳进了冰冷刺骨的激流中。它离乡背井，想涉水到对面山上寻找吃的东西。按照大熊猫的游泳本领，它要渡过那条河是不成问题的。无奈，饥饿已经摧垮了它的身体，它下水后虽尽力朝对岸游去，可力不从心，被河水冲着漂了两三百米远。

"大熊猫落水了，快来救啊！"永富乡一村的尤明、李兴玉等居民一边喊叫，一边朝河里跑。大熊猫被救起来以后，双眼紧闭，已经昏迷了。这时，又有几个村民赶来参加救援行动。一些人跑着去乡政府报告，向县上有关部门打电话；一些人留下来守护大熊猫，给大熊猫擦干身上的水，喂白开水给它暖身。

深夜 23 点，县林业局局长和保护区管理站负责人带来救灾巡逻人员，这时大熊猫已经苏醒过来了。他们冒着凛冽的寒风，连夜把它运去县城。东方天空很快开始发白，已经凌晨 4 点钟了，保护区管理站的负责人疲惫不堪，但是他顾不上休息，用大米、奶粉加白糖熬成稀饭，给病饿不堪的大熊猫吃。

这个县的大熊猫饥饿难熬时，常常跑下山，向人类求助，要东西吃。居民们都乐意赈济这些"灾民"，人类家庭成了大熊猫度荒的好去处。

在快乐沟，从 1983 年的冬天起，一只大熊猫就带着幼崽到村民黄全安家里度荒。他们一家人都欢迎大熊猫的到来，专门用羊骨头、白糖熬稀饭款待它。它每次来，先在房屋周围转一转，然后大摇大摆地走进屋，从竹篮里抓一根骨头就立即往外走。

鉴于这种情况，这户人家听到狗叫，就知道是它来了，立即把狗捉起来，牵到很远的村民家寄喂。他们还特别将灶房里的电灯通宵达旦地亮着，以减轻它的疑虑。几天过后，这只大熊猫明白了这户人家待它是真情善意的，索性不离开这个家了，白天在附近树林里玩，夜里天擦黑就进屋。知道这只大熊猫不喜欢烟火，为让"客人"来了玩好、吃好，这户人家每天便不生火做晚饭吃。这样，它吃饱喝足后，开始痛痛快快地玩，见到沾有油的锅、盆、碗、瓢，就舔呀、啃呀，一直玩到凌晨，听见广播喇叭响，才慢慢悠悠地离开。有时，它离开的时候，还顺手把主人的木盆、石磨给扛走，弄到山林里去玩。看它哪里还有饥饿忧患啊！

大熊猫就这样自由自在地生活在"采集圣地"。

第十三章　大熊猫的乐土——马边大风顶

　　马边大风顶国家级自然保护区位于四川省乐山市马边彝族自治县境内，在远古时期，这里还深深沉没在海里。后来，神奇的造山运动使地壳不断抬升，这里便逐渐隆起形成了高高的山脉，成为四川盆地南部边缘与云贵高原之间的天然屏障。

　　境内，峰谷相间，切割甚烈。奇特的地貌造就了不寻常的自然生态环境。充沛的雨量和复杂多变的天气为丰富多彩的植物生长提供了良好的条件。据专家的观察，这里仅树种就达100种，还有一部分亚种，为我国特有的树种有赤叶杨、喜树、水青树、连香树、珙桐等。珙桐成片分布，达几千亩，还有古老珍贵的槭树。人们一踏进这个自然保护区，就会发现保护区内到处古木参天，浓荫蔽日，鸟兽和鸣，像是进入了大自然的怀抱中。

大风顶，也是一个适合野生动物繁衍生息的地方。初步观察，境内珍贵动物有大熊猫、羚牛、小熊猫、鬣羚、绿尾虹雉等，大约有几十只大熊猫生活在这里。为保护这弥足珍贵且丰富的动植物资源，1978 年国务院批准建立了马边大风顶国家级自然保护区。

马边大风顶国家级自然保护区对研究大熊猫的生活习性和自然生态有特殊的科学价值。保护区管理所的工作人员向我绘声绘色地介绍，说生活在这里的大熊猫秉性很特殊，非常喜欢吃火子（木炭）。所以它们非常爱接近牧民，一旦发现哪里有人烟，便往哪里走。夜间，当牧民带着成天翻山越岭的困倦，在火堆旁熟睡时，大熊猫就会不声不响地走近，在人身上翻来找去，捡火子吃，连压在羊皮垫子下面的火子，它们也会将人的身体轻轻翻开，把火子抠起来吃。

有一回，牧民阿督什牵在山腰上放羊。夜间，有只大熊猫跑去他的身边，吃了火子和羊骨头，还把锅给端走了。于是，阿督什牵用绳子将它套住，把它牵到很远的地方，放归山林，但它不甘心，随后又跑回来，直到阿督什牵赶着羊群走远了，才没有再去纠缠。

研究大熊猫的专家讲，其他地方的大熊猫偶尔也会捡木炭吃，但是不像这个地方的大熊猫那样普遍爱吃。木炭有消炎灭菌的作用，大熊猫的消化道易感染，而这个地方温度高、湿度大，可能是它们的身体在告诉它们：多吃木炭，可以减少或不患肠胃病。

说来真奇怪。这个地方的大熊猫虽然常和牧民打交道，喜欢吃羊骨头，可从不伤害羊群。由于它们这般逗人喜爱，牧民都对它们爱护有加。在这里，人与自然是多么和谐！

这一带，山里的居民习惯游牧式的生活，住家地点迁移不定。在建立保护区以前，老二坝有几户居民，人迁走了，房屋未拆。一天，一只大熊猫很冒失地跑进去，爬上柱头，将以木炭为原料做的土炸药取下来吃。砰的一声响，它便倒在地上了。所幸土炸药威力很小，只把它的嘴巴炸伤了。神奇的是，它竟然爬上一张空床，在上面躺着养伤。当地群众发现它后，立即挑了六个精壮汉子，将它抬到兽医院，请兽医帮它包扎打针，还派人日夜守护。可它才刚刚开始恢复健康，就在一个夜间不辞而去了。

为了让大熊猫有个安静舒适的生活环境，建立保护区后，住在保护区内的居民都主动迁走，不让大熊猫受到任何干扰。这里没有人狩猎，也没有人为污染，生态环境良好，是大熊猫及其他生物生活的一片乐土。

这个自然保护区，位于大风顶东面，气候温暖，生长的竹子种类多，可供大熊猫食用的竹子就有十几种。如果一种竹子开花枯死，其他竹子仍正常生长，大熊猫不愁没有吃的，因此生活在这里的大熊猫，一直丰衣足食。

永红乡一带曾经出现竹子大面积开花的情况，结的竹米落到地上堆起厚厚的一层。当地居民家家户户都把猪赶到山上去，拾竹米吃。这一年，全乡居民没耗费一粒粮食，喂出了600多头大肥猪，比往年育出的肥猪数量多两倍。当时，其他地方的大熊猫都处在饥荒中，而这里的大熊猫则一如既往地吃罗汉竹，还专挑有甜味的竹节吃，其他种类的竹子它们只吃竹叶和竹笋，生活挺讲究，过着"天堂"般的生活。

1975年和1983年，岷山、邛崃山的竹子大面积开花，给大熊猫带来无法抵抗的灾难。当时南充师范学院（现更名为西华师范大学）教授秦自生提出，用建立同种异龄竹和多种类竹共生的食物基地的方案，来弥补岷山和邛崃山竹子种类稀少的缺陷，从根本上拯救大熊猫的生存问题。她的这一战略性构想正是从马边大风顶竹类繁茂多样、大熊猫食无虞的实际情况中得到启示的。

第十四章　大熊猫与"诺苏"——美姑大风顶

　　美姑大风顶地处四川大风顶的西面，这里密布着很多条河流，而每条河流又有若干分支伸向一个个幽深峡谷。这些数不胜数的大小河流，像人身上的血管，错落有致地分布在这片土地上，形成了一个十分别致的地形地貌。这就是以保护大熊猫为主的美姑大风顶国家级自然保护区。

　　美姑大风顶国家级自然保护区与马边大风顶国家级自然保护区是孪生兄弟，它们一个位于大凉山南，一个位于大凉山北，自然生态环境非常优越。分布在岷山、邛崃、相岭和秦巴山的大熊猫，都曾因竹子开花，无数次陷入饥荒，而生活在美姑大风顶的大熊猫却从来没有这种遭遇。这个地方因气候使然，竹类植物生长特别旺盛，全保护区有林便有竹子分布，而且竹子种类多，大熊猫的生活不仅不受竹子开花的影响，还一年四季都有味道可口且营养丰富的新竹、嫩笋吃。据分析，竹笋内蛋白质和维生素含量比一般竹子高几倍，栖息在这里的大熊猫享有优越的生活，可以说是得天独厚。

成都动物园的大熊猫美美的老家就在美姑大风顶。美美是有名的大熊猫"英雄妈妈"，它和它的女儿都是生育能手，这强大的生育能力在大熊猫群中是罕见的。这是否与生态环境有关呢？

当地政府对自然保护区的工作很重视。每年县委、县人民政府和有关部门的负责人都要到保护区检查工作，向干部群众宣传保护珍稀动植物的重要性。保护区内有几千名居民，全是"诺苏"——彝族人。他们说，大熊猫"从次穴"（乖得很），当地居民无微不至地爱护它们，从不会伤害它们。有一次，一只大熊猫出林串门，不慎掉进挖托村村主任吉克木格房屋附近的坑里。那个坑很深很深，坑壁又陡又滑，大熊猫使尽攀爬本领也没有用，还是被困在坑里。村主任发现后，立即找来一根长木杆，把大熊猫救了起来。有时候，大熊猫顽皮，闯到居民家里去，顶走锅罐，掀垮猪羊圈，咬烂羊皮睡垫，甚至咬破晾晒在墙上的牛皮，主人也不生气，还拿出好吃的东西殷勤地款待它。

因此，这里的大熊猫同当地居民亲密无间，对人毫无戒心。有一只大熊猫居然跑到一户人家的猪圈里，同猪一块儿睡觉。主人赶猪上山放牧，它仍躺着，一动也不动。主人把猪赶到山上后回来看，它还躺在猪圈里，似乎这里就是它的家了。

人类的历史远不如大熊猫悠久，但是，在历史长河中，大熊猫同这里的居民一直友好相处，以致达到"世交"的地步。每当农历10月，彝族人过年的前前后后，家家户户杀猪宰羊，大熊猫嗅到扑鼻的香味时，便自动上门做客，一待就是十天半个月。平时它也像走亲戚、回娘家一样，经常在村寨人家里来来去去。

一天傍晚，村里炊烟袅袅。随着炊烟升腾，村寨里户户散发出烹煮晚餐的浓郁香味。一只大熊猫慢悠悠地来到居民耍日什哲家门前，不声不响地站着。当主人看见来客肩臂黑黑的，像是披着披风，以为是邻居来串门，赶快招呼"客人"进屋里去，而那"客人"则默不作声。再细看，原来是一位大熊猫贵客，于是把它请进了屋。

顿时，几条狗围住它吼叫着。而它若无其事，蹲在地上，慢条斯理地捡骨头吃。它在这里逗留了整整一个星期，同主人家一起过完年，才高高兴兴地离开。

据自然保护区工作人员介绍，这只大熊猫同当地居民来往亲密，堪称"世代之交"。在七年前，7月的一天，它的妈妈爬上房顶揭开瓦板，钻进生产队的仓库找东西吃。耍日什哲和几个小伙子把它妈妈拴起来，牵到公社办公处，给县林业局打电话要将其送去成都动物园，县林业局要他们放它妈妈回山林。

当时，它的妈妈快要临产。他们特地宰杀了一只羊给其补充营养。它的妈妈却在吃完羊肉后不肯离去。

主人只好下逐客令，将它的妈妈推出门。而它的妈妈并不在意，在主人房屋附近逗留一整天后，才依依不舍地离去。

　　第二年，它的妈妈来串门的时候，身边带着两只幼崽。从那以后，不知它的妈妈是带着另一只幼崽另辟领地去了，还是其他缘故，大家再没见到过它的妈妈。而常到耍日什哲家玩的就是上文提到的那只幼崽，一直独来独往。

　　生活在美姑大风顶的大熊猫同马边大风顶的大熊猫一样，有吃木炭的嗜好。夜间，有人家的灯火还未熄灭，它就迫不及待地跑到住户门口。等人刚刚躺下，还没有合眼，它便大摇大摆地走进屋，一屁股坐在人的旁边，毫不顾忌地抓木炭吃。若是木炭尚未熄灭，有点烫爪子，它便赶快刨冷灰盖在木炭上，等其完全熄灭后再吃。主人不会惊动它，只让它安安心心地吃得舒适。

　　栖息在这个地方的大熊猫真幸福。它们既没遭受过天灾，也没遭受过人为的祸殃，与"诺苏"和谐相处，共享着生态文明的乐趣。

第十五章　大熊猫大家族的今昔——王朗

栖息在岷山系的大熊猫数量在我国大熊猫总数上占了很大的百分比，而地处岷山南段的四川平武县则是岷山地区大熊猫分布最多的一个县。平武境内，地域辽阔的王朗又是大熊猫分布最集中的地方。相传平武县人民曾经将大熊猫作为厚礼，敬献给治水有功的大禹王。

王朗国家级自然保护区，位于青藏高原与四川盆地的交界处。其与松潘县黄龙寺相邻，同九寨沟接壤，总面积为3万多公顷，平均海拔3000米以上，最高海拔4980米。

王朗地区有青藏高原和岷山做天然屏障，境内雨量充沛，土地润泽，植物繁茂，古木参天，浓荫蔽日，植被成独特的带谱状，甚为新奇。

　　复杂的自然生态环境为野生动植物的生长提供了生生不息的优良条件。栖息在王朗国家级自然保护区内的珍贵动物有大熊猫、金丝猴、苏门羚、毛冠鹿、猕猴、云豹、金猫、斑羚、岩羊、林麝等。1968 年的调查发现保护区内大熊猫分布密度很大，全保护区有 100 多只野生大熊猫。这里还有一种叫攀鼠的动物，是我国的稀有动物。这些形形色色的动物群落，按各自的固有习性生活、栖居在不同的环境里。

　　相传，"王朗"是一个藏族奴隶的名字，因其父母不堪忍受奴隶主的剥削和折磨，遂逃到松潘、九寨沟、平武三县交界处的深山老林中。他们有三个儿子，老大叫"九寨"，老二叫"黄龙"，老三叫"王朗"。儿子长大后，父母为了让他们能自由地生活，将他们的名字写在三颗大豌豆上，抛向空中，每人要到豆子滚向的地方安家。写着"王朗"的豌豆滚向了白马河的上游，所以王朗便搬到了这里，后来的人们就用他的名字给这个地方命名了。这一带牧草丰茂，早期，人们利用这里辽阔的草场放牧牛羊，这里一度成为牧场。为保护这里的野生动植物，国家于 1963 年建立了自然保护区，它是四川最早建立的自然保护区之一，是四川自然保护区中的元老。保护区建成后，当地政府和保护区管理处经过艰苦努力，采取措施保护动植物资源，特别是保护大熊猫，成效显著。由中国科学院动物研究所组织的科学视察队曾到这里逐沟逐梁进行踏查，经过近两年的努力，发现保护区内有 100 多只大熊猫，数量是可喜的。可是，时隔不久，1975 年至 1979 年，岷山出现两次竹子大面积开花枯死的状况，生活在这里的大熊猫陷入了饥荒。为拯救大熊猫，当地干部群众花费了许多心血。当时平武县林业局大熊猫救灾领导小组办公室主任钟肇敏一家，是热心保护大熊猫的模范。

1981 年的最后一天，两个藏族青年上山放羊，发现山上竹子枯死，大熊猫丢下还在哺乳期的幼崽，逃荒去了。他们便将幼崽救下山。钟肇敏得到消息后赶去，他发现熊猫幼崽出生不过几个月，体重只有 4.8 斤。当他把幼崽抱回县上打算实施人工哺养时，县委书记、县长都前去看望，嘱咐钟肇敏，幼崽需要特殊照顾，并将"抚孤"重任交给他。

幼崽到钟肇敏家里这天正是 1982 年元旦，全家人思谋给它取名叫迎新。时值严寒季节，钟肇敏夫妇就在箩筐里铺垫了温暖舒适的床铺给幼崽睡觉，还为它生火取暖。幼崽弱小，不仅要人照料吃喝，还要人护它大小便。每天钟肇敏和他的妻子及女儿敏敏都要分担早、中、晚烹煮流汁饲料的任务，夜间还要从床上爬起来给它喂水、盖被子。在野外，幼崽大小便是大熊猫用舌头舔幼崽的肛门、尿道，帮助它们排尿排便。现在，全靠人用药棉签蘸温开水，轻轻擦洗幼崽肛门和尿道，刺激排便，还要给它洗屁股。这比带人类婴儿还难。

转瞬间，一个月过去了。迎新已经长出两颗雪白的门牙，开始摇摇摆摆学走路。1982 年春节，大年初一这天，钟肇敏为迎新单独准备了一张桌子，摆上蛋糕、牛奶等佳肴，同全家人共度佳节，还一起拍了新年照。

迎新稍长大一点就开始淘气了。白天，它见人不在家里，便把大大小小的玩具都找出来，拖到屋中间玩耍；玩困了，就呼呼入睡。每天钟肇敏快下班的时候，它便到门后守候，等他推门进屋，赶快迎上去，"嗯嗯嗯"叫着，要钟肇敏抱。如果不抱，它就不依；钟肇敏一抱上，它就慢慢闭上眼睛，睡着了。

再大一些，它像个小跟班，钟肇敏去上班，它也跟到办公室。下班后它熟门熟路，走在钟肇敏前面，直奔二楼宿舍。到3月15日，迎新在钟肇敏家里度过了100多天，箩筐它已经睡不下了，钟肇敏把它送进了王朗保护区饲养场。

1984年4月26日晚，钟肇敏家里又迎来了一位大熊猫幼崽，钟肇敏给它起名叫龙龙。龙龙在钟肇敏怀里一动不动，眼睛都懒得睁。敏敏用手一摸，惊叫起来："哎呀！瘦成光骨头啦。"

在钟肇敏全家的精心抚育下，龙龙的身体恢复得很快。不到20天，它的体重由来时的10斤，增加到24斤。不久，它也进了保护区的饲养场。

在闹饥荒的10年中，钟肇敏一家迎进送出，一共救护了13只大熊猫"小灾民"，帮助它们死里逃生。

这些灾后余生的大熊猫难以表达自己的感激之情，但从它们同钟肇敏相处的表现来看，它们永远不会忘记这一家人。

由于自然生态失衡，这里的箭竹连续数次开花，天灾频繁，加之间接的人为祸殃，这个地方的大熊猫数量急剧下降。1987年，中国和世界自然基金会联合调查，整个王朗地区只有20多只大熊猫了。这是大熊猫种群濒危的信号。

这一信号，当时也是对人类的严重警示。

第十六章　大熊猫的粮仓——小寨子沟

　　乘汽车，从北川老县城出发，大约经过1个小时的车程，可以直抵小寨子沟国家级自然保护区。小寨子沟位于岷山以南，与唐家河国家级自然保护区和王朗国家级自然保护区成三角鼎立状。

　　这个保护区的地形十分奇特。境内，有几十条大小深谷，而小寨子沟是汇纳众溪流的主沟，两壁直立的山峰成八字，内敞外收。收紧处，一圆门似的洞口，如刀斧凿成，叫龙门洞。这便是小寨子沟的出口，也是保护区的门户。自然保护区管理所就设在沟口前的一小片开阔地方。

　　保护区内，众溪流汇集到小寨子沟，溪水汹涌澎湃，如游龙出洞，冲出洞口。天际挂流，将洞口前的坚石，凿成碧水汪汪的深潭，这是以柔克刚的奇迹。在深潭的上空架了一座跨越二峰的圆木桥，它是由"龙门"进入保护区的必经之道。据保护区管理所的负责人介绍，小寨子沟境内群峰竞奇，绝壁列岸。穿行小寨子沟，要涉100多次水，过数十处桥，走几百米长的栈道。走完小寨子沟，登上最高的山峰，便可远眺珍稀动物常出没的几十条正沟，饱览奇峰涌翠、峭壁如云的旖旎风光；欣赏叮咚流泉、哗然飞瀑，以及舍身岩、一线天等多处迷人的胜景。

从鹰咀岩北上，再攀栈道，爬天梯。沟壑中湍急的流水如一群白色骏马，在扬鬃甩尾，驰骋嘶鸣。登山、过涧都须绳系腰部，挂靠山岩前行。头上不见天日，脚下深潭怒吼，当提心吊胆地登上柏岑之巅，顿觉天高地迥，玉宇无垠。天门洞后面的草坡海子——龙池似一块晶莹碧玉，镶嵌在群峦之中，奇峰倒映，水光浮翠，景随时变，美丽迷人。

这个美丽而荒无人烟的地方，正是野生动植物休养生息的"天堂"。为摸清保护区内的野生动植物的资源情况，保护区管理所的首任所长刘正安领着4个青年人，风餐露宿，逐沟逐梁调查。山间风云难测，人经常被雨雾布下的迷魂阵围在密林里。在大山里过日子，真是一天等于二十年啊！夜间，由篝火充当警卫，大家住进岩窝。睡觉时，身下垫的是石板，身上盖的也是石板。白天行动时，还有凶兽暗地里跟踪。一天，他们在山上行走，大雾弥漫，突然从乱石中窜出4只豺狗，一双双贪残的眼睛，死死盯着他们，想包围他们。

但是，它们没敢轻易行动，可能是觉得人不大好对付。要不然，诡计多端的豺狗会像收拾羚牛那样，同他们较量一番的。

这次调查，虽然历尽艰险，但他们也弄清了小寨子沟这块宝地的真正价值。众多溪流，像切豆腐那样，把地面切割成许多块，每一块都是独立且完整的，形成了对动植物生存繁衍十分有利的生态系统。

境内，动物群落种类甚多。珍贵动物有大熊猫、金丝猴、羚牛、斑羚、苏门羚、林麝、马鹿、毛冠鹿、藏羚、红腹角雉等，还有熊、野猪、豹猫、猪獾、獾、刺猬等动物。这些动物虽然处在同一生态环境内，但是它们有各自的生活领地。大熊猫喜欢在竹木丰茂、水质优良、环境幽静的沟尾栖息。金丝猴的食、住、行都在树上，很少落地，成了"太空人"。羚牛逐水草而居，像一支游牧民族，常分群活动于林深草茂的地方。林麝像一支箭似的，在林间穿梭不停，每天活动范围达数十平方公里。毛冠鹿、苏门羚、斑羚和水獭，总是出没在溪坝滩头。岩羊爱在裸山草甸一带嬉戏。鸟雀的乐园是青青的树林，这一带终年都能听到鸟儿悦耳的鸣叫，给寂静的深山增添了热闹的气氛。食肉的猛兽，出没隐秘，它们会攻击弱小者。凡是羚牛群出来活动，后面必然有豺狗跟踪。有一次，保护区管理所老所长巡山，发现几只豺狗围住了一头独自活动的羚牛。一开始，羚牛不理睬。可过了一会儿，它沉不住气，开始抵抗。等它刚一动，一只豺狗迅疾地跳到它的背上，去咬它的两只眼睛，另一只豺狗蹿上去咬穿了它的肛门，其他豺狗也一拥而上拉出了他的肠子，不久羚牛倒地而死。

　　同羚牛相比，大熊猫有老祖先肉食动物的遗风，自卫能力要强些。但是，它们中不能自保的老弱个体难免遭到豺、狼、豹子等天敌的侵害。然而，当时将大熊猫推到濒危处境的主要因素是人为灾害。一是人的经济活动的干扰，使它们难以安生。二是偷猎行为，保护区管理所的工作人员查山，一次就收了 600 多个钢丝绳套，偷猎致使这里的大熊猫数量严重减少。境内，其他动物的命运也不比大熊猫好多少，有些动物数量减少了一半。

下篇：践行生态文明

第十七章 自然生态失衡的后果

地球生态系统是一个整体，森林植被是陆地生态的主体，其生态服务功能远大于经济效益。它是呵护人类家园的母亲，也是呵护大熊猫等珍稀动物的母亲。

专家考证，大熊猫的祖先本是一种肉食动物。在面临食物减少这一现实时，聪明的大熊猫审时度势，改变了生活方式，逐渐开始吃素。后来，它演化成以竹类为主食的杂食动物。现在大熊猫在野外生活主要吃竹子，偶尔吃有甜味的水果。但它有了机会也开个荤，抓竹鼠吃。它的主食全是森林的产物。

辽阔的中国处在地球的温带地区。在森林系统中占重要地位的竹类植物，亚洲属于分布最多的区域之一。据竹类专家推断，世界竹类起源地之一是我国的云南省，我国地理环境复杂，竹类植物在平原、丘陵、山地都有分布。然而，竹类植物开花的周期为20年至120年，大部分品种的竹子一开花就死，自然结实率非常低，这种特殊的繁殖生物学特性，或多或少地制约着大熊猫的发展。

发掘出的化石证明，由于环境和气候变化，与大熊猫同时代的很多动物种类早已消失，而它却广泛分布在我国各个地区。

可为什么大熊猫的处境越来越不妙？这当然是由于它们生活的环境条件日趋恶化，那又是什么使其生活环境不断恶化呢？

回答这一问题，只有一个字：人。曾有科学家断言，地球上的生命可能已存在30多亿年，已经历了5次大规模集群灭绝事件，目前正面临第6次大灭绝。物种灭绝是地球自然发展变化的寻常事，不过前5次物种大灭绝事件多为自然灾害因素，而这一次推动大规模物种灭绝的可能是人类。地球上，一切生物都处在进化竞争、争夺资源的过程中，自从"万物之灵"的人类出现在地球上，在人类的竞争实力面前，其他生物都相形见绌，处于越来越不利的地位。而最令人担忧的是物种灭绝的速度，曾有新闻报道，人类在地球上的活动严重影响了动物的生存环境，造成很多野生动物濒临灭绝，几百种鸟类、哺乳动物、双栖动物等危在旦夕。有科学家认为，物种消失的速度比在自然状态下消亡的速度高出100倍。人同其他动物相比，其最大优势是脑部的进化，当人类不断发展，能够制造并不断创新改进工具，用以改造客观世界为己所用。人类社会从最初使用粗糙的石器工具，到后来青铜器的出现，再又使用铁器。尔后，蒸汽机、电动机、机器人……人类科技不断发展，各种发明一个比一个来得快，一个比一个先进。今天，人类社会已进入全新的智能时代。

随着工具的日新月异，人类的经济活动不断向更广和更深处发展，很多经济活动是向大自然进军，开发利用自然资源。人类最初的征服对象是各种野生动物，食其肉，寝其皮；食而有余，加以饲养，如马、牛、羊、鸡、犬、猪等家畜。原始农业伊始，人类种植粮食需要更广阔的地理空间，便开始向森林区域推进。人口逐渐增多，经济迅速发展，经济区域不断扩大，森林面积不断缩减。这样，在自然界便形成了"人进森林退"的局面。

以大熊猫为代表的野生动物离不开森林。它们只有同森林一起退，于是出现了一大怪象：人的生活半径不断扩大，而包括大熊猫在内的野生动物的生活半径则不断缩小。在地球上，一些人类文明进步的趋势是以毁减物种，破坏生物与自然环境的平衡为代价的。大熊猫的衰败过程同我国原始农业时期的社会经济不断发展和人口数量上升的历史进程，相当接近。据专家考察，大熊猫种群分布区域全面向西退缩，始于近几千年内；其数量急剧减少，乃是近几百年的事。

拿近百年来说，由于大规模经济建设，需砍伐大量的木材，大熊猫的分布向西退缩到我国四川盆地向青藏高原过渡的地区，那里是大自然早已为它准备好的"避难所"。

在那里，高山深谷，形成了气候复杂、得天独厚的生态环境。尽管境内出现过几次冰川期，但这不但没有影响到当地动植物的生存，反而促使它们演化，无数深谷成了世界上绝无仅有的生物多样性的基因宝库。有专家考证，这里不仅有许多以大熊猫为首的珍稀动物，还有千千万万种古稀植物。从生命的历史轨迹来看，大熊猫无疑是这个地方众多生物群的佼佼者，然而它难敌人的优势。人口增加就需要扩大生活空间，更广泛深入地开展经济活动，那时的生产力水平只能把向森林进军作为发展的重要手段。在中华人民共和国成立初期，为开展大规模经济建设，需要大量的木材，由于毁林开荒和对天然林的过度采伐，四川省的森林覆盖率极速下降，导致自然生态环境恶化。这样，带来的后患可就大了。

四川的几个林区，特别是川西北的天然林是长江黄河上游的重要水源林，当其遭到掠夺性的砍伐之后，省内河水流量逐年减少，水土流失严重。离北川老县城不远处的一条小溪流的岸上，有一座以流水为动力的小轮机石磨。这座为当地百姓生活所需的重要工具，因滥伐林木致溪水断流而报废，石磨不转了。

自然环境被破坏导致生态失衡，鼠害、虫害猖獗。最为明显的是，从 20 世纪 70 年代中到 80 年代初，不到 10 年间，大熊猫赖以为生的主食——竹类植物两次大面积开花枯死，而正常情况下，箭竹每 60 年左右更迭一次，竹子提前开花使大熊猫遭受灭顶之灾。第一次灾情结束还存活2000多只野生大熊猫，第二次灾荒，虽经我国和其他国家的倾力挽救，仍夺走了一半以上大熊猫的生命。

影响大熊猫生存环境的因素还有气候恶化。据有关部门介绍，20世纪70、80年代，四川省尤其是川西北常年降水量明显减少，水旱灾害频繁发生，大地沙漠化、石漠化加剧，特别是1981年和1998年发生的两次长江特大洪灾，使沿江两岸人民遭受巨大的损失。

大自然不讲情面，由于自然生态环境的严重恶化，人与自然失和，人与人也必然失和，经济发展欲速则不达，这些自然灾害会给人带来难以忘却的痛苦记忆。

第十八章　走生态文明发展之路

"顺天者存，逆天者亡。"这是中国人的格言。

这里说的天，不是西方人说的"上帝"，而是指中国传统文化思想中，以天为形象的宇宙。按照《易经》的思想，天理即人道，顺应天地变化，遵循大自然的运行规律，人类才能生生不息。人类是大自然中的一员，要生存和发展，就要学会同大自然和谐共生的生态文明思想。

为了使社会主义经济持续、健康、快速地发展，从 20 世纪 80 年代开始我国已关注人与自然和谐相处的问题，开始改善自然生态环境。1979 年 2 月 23 日，第五届全国人民代表大会常务委员会通过了首部林业法规《中华人民共和国森林法（试行）》。后来，党中央不断制定出保护和发展我国林业、改善自然生态环境的重大决策，陆续推出保护和加快林业发展的政策措施，坚持每年开展大规模全民义务植树活动。1981年，党中央、国务院推出《关于保护森林发展林业若干问题的决定》。1986年，七五计划提出，"积极营造长江中、上游水源涵养林和水土保持林"。邓小平曾说过，"植树造林，绿化祖国，是建设社会主义造福子孙后代的伟大事业，要坚持20年，坚持100年，坚持1000年，要一代一代永远传下去"。绿水青山总是情，我国的社会发展和自然生态发展大步走向和谐与文明。

江泽民在推进社会主义现代化建设的过程中，始终重视人与自然的和谐与协调，把贯彻实施可持续发展战略始终作为一件大事来抓。他强调："经济发展，必须与人口、资源、环境统筹考虑，不仅要安排好当前的发展，还要为子孙后代着想，为未来的发展创造更好的条件，决不能走浪费资源和先污染后治理的路子，更不能吃祖宗饭、断子孙路。"

随着实践的发展，党中央走生态文明发展的思路越来越清晰，行进步伐越来越快。1998年，党中央、国务院首次做出了长江上游、黄河上、中游天然林禁伐、限伐决定；2000年，天然林保护工程正式实施。2002年3月，江泽民发表《实现经济社会和人口资源社会协调发展》讲话，强调可持续发展的核心问题是实现经济社会和人口、资源、环境协调发展。为了实现我国经济社会可持续发展，为了中华民族子孙后代始终拥有生存和发展的良好条件，我们一定要高度重视并切实解决经济增长方式转变的问题，正确处理经济发展同人口、资源、环境的关系，促进人与自然的协调与和谐，努力开展生产发展、生活富裕、生态良好的文明发展道路。同年11月，他发表了《全面建设小康社会，开创中国特色社会主义事业新局面》的讲话，再次强调，要促进人与自然和谐发展，推动整个社会走向生产发展、生活富裕、生态良好的文明发展道路。

2003年6月，中共中央、国务院做出《关于加快林业发展的决定》，提出我国林业正处在一个重要的变革和转折时期，正经历着由以木材生产为主向以生态建设为主的历史性转变。2003年10月，胡锦涛发表《树立和落实科学发展观》的讲话，强调树立和落实全面发展、协调发展和可持续发展的科学发展观，对于我们更好地坚持发展才是硬道理的战略思想具有重大意义。他指出树立和落实科学发展观，是二十多年改革开放实践的经验总结，也是推进全面建设小康社会的迫切要求。他指明要全面实现这个目标，必须促进社会主义物质文明、政治文明和精神文明协调发展，坚持在经济发展的基础上促进社会全面进步和人的全面发展，坚持在开发利用自然中实现人与自然和谐相处，实现经济社会的可持续发展。我国的生态文明发展的理念更加清晰明朗。

可见，贯彻落实科学发展观，实现社会经济全面持续发展，协调发展是关键。协调就是和谐，就是文明。在随后的时间里，胡锦涛总是不厌其详地反复强调，必须坚持全面发展、协调发展、可持续发展的科学发展观，坚持走生产发展、生活富裕、生态良好的文明发展道路。要牢固人与自然和谐发展的观念，自然界是人类赖以生存的基本条件。终于，党的十七大明确提出要建设生态文明，第一次把建设生态文明作为党的一项重要战略任务提出来。

第十九章　加强生态文明建设

纵观人类发展，"生态兴则文明兴，生态衰则文明衰"。我们党坚持生态惠民、生态利民、生态为民、把保护生态环境作为重要民心工程和民生工程，不断深化人们对生态环境的认识，持续推进生态文明建设。1973 年第一次全国环境保护会议召开，将环境保护提上国家议事日程。20 世纪 80 年代起，政府把环境保护确立为基本国策和可持续发展国家战略。党的十八大以来，以习近平为核心的党中央提出"加强生态文明建设"，将生态文明建设作为践行党的使命宗旨的政治责任。引领全党和各族人民大力推进生态文明建设，努力实现把中国建设成富强、民主、文明、和谐的社会主义现代强国和中华民族伟大复兴的宏伟目标。

习近平在《紧紧围绕坚持和发展中国特色社会主义学习宣传贯彻党的十八大精神》文章中，强调指出：随着我国经济社会发展不断深入，生态文明建设的地位和作用日益凸显。党的十八大把生态文明建设纳入中国特色社会主义事业总体布局中，使生态文明建设的战略地位更加明确，有利于把生态文明建设融入经济建设、政治建设、文化建设、社会建设各方面和全过程。这是我们党对社会主义建设规律在实践和认识上不断深化的重要成果。我们要按照这个总布局，促进现代化建设各方面相协调，促进生产关系与生产力、上层建筑与经济基础相协调。

党的十八大以来，习近平围绕加强生态文明建设，提出一系列新理念、新思想、新战略，形成习近平生态文明思想，推动我国生态文明建设发生历史性、转折性、全局性变化，从理论和实践上，非常出色地圆满完成了十八大以来因国内外形势发展而提出的重大时代课题，把中国特色社会主义事业推到新阶段，进入了新时代，形成了"习近平新时代中国特色社会主义思想"。这样，便为党的十九大绘制未来宏伟发展蓝图奠定了坚实的物质和理论基础。党的十九大强调发展是解决一切问题的基础和关键，发展必须是科学发展，必须坚定不移贯彻创新、协调、绿色、开放、共享的五大发展新理念。2019 年 12 月，中央经济工作会议再次强调，新时代抓发展，必须更加突出发展理念，坚定不移贯彻创新、协调、绿色、开放、共享的新发展理念，推动高质量发展。各级党委和政府必须紧紧抓住新发展理念推动发展，把注意力集中到各种不平衡不充分的问题上。

自然生态环境是人类发展的物质基础，是人类赖以生存的必要条件。大自然的运行规律也是人类必须遵循的规律；人类在利用自然的同时必须尊重自然，保护自然。以天为形象的宇宙，使万物生生不息，天地间的大自然是人类生存发展的衣食父母。人类生活所需的一切，都源于大自然的恩赐。实践证明，山穷水尽，则人必穷；山清水秀，则人寿年丰。正如习近平的谆谆教诲，"绿水青山，就是金山银山""生态兴，则文明兴"。"绿色发展"是文明发展的必由之路。"天道就是人道"，自然生态关乎社会经济生态、政治生态、文化生态各方面，是实现物质文明、精神文明、社会文明最基本的条件。改革开放以来，特别是党的十八大明确提出"加强生态文明建设"的战略决策，把生态文明建设列入中国特色社会主义建设"五位一体"总布局，牢牢把握人与自然和谐的关系，把建设美丽中国作为党的奋斗目标，强调加强生态文明建设，是关乎人民福祉、民族未来的长远人计。面对资源过度开发、环境污染严重、自然生态系统退化的严峻趋势，必须树立尊重自然、顺应自然、保护自然的生态文明理念，把生态文明建设放在突出地位，融入经济建设、政治建设、文化建设、社会建设各方面、全过程，努力建设和谐中国，实现中华民族伟大复兴。从此，党和国家推出生态文明建设的步伐越来越快，力度越来越大。

十八届三中全会提出，加强生态文明制度建设，必须建立系统完整的生态文明制度体系，用制度保护生态环境。

2015年，中共中央、国务院印发了《生态文明体制改革总体方案》。

十八届四中全会提出，要用严格的法律制度保护生态环境。

十八届五中全会提出，将绿色发展作为五大发展理念之一，提出了实现绿色发展的一系列新措施，并要牢固树立绿色发展理念，表明绿色发展将成为中国发展战略与发展政策的主流。

党的十九大强调，生态文明建设是关系中华民族永续发展的千年大计，必须树立和践行绿水青山就是金山银山的理念，坚持走生产发展、生活富裕、生态良好的文化文明发展道路。表明了我们党持之以恒推进美丽中国建设、建设人与自然和谐共生的现代化国家，为全球生态安全做出新贡献的坚定意志和坚强决心。

特别值得一提的是，党的十八大、十九大都把建设社会主义生态文明写入《党章》，作为党的行动纲领。习近平走到哪里就把生态文明理念讲到哪里：

"绿水青山就是金山银山。"

"保护生态环境，就是保护生产力。"

"良好生态环境是最公平的公共产品，是最普惠的民生福祉。"

"环境就是民生，青山就是美丽，蓝天也是幸福。像保护眼睛一样保护生态环境，像对待生命一样对待生态环境。"

"走向生态文明新时代，建设美丽中国，是实现中华民族伟大复兴的中国梦的重要内容。"

"要牢固树立绿水青山就是金山银山的理念。"

……

2019年4月，旨在倡导人们尊重自然、融入自然、追求美好生活的北京世界园艺博览会举行开幕式，此次博览会以"绿色生活、美丽家园"为主题，习近平在开幕式上发表了重要讲话，强调顺应自然、保护生态的绿色发展昭示着未来。在讲话中，他谈到："地球是人类赖以生存的唯一家园，我们要像保护自己的眼睛一样保护生态环境，像对待生命一样对待生态环境，同筑生态文明之基，同走生态文明之路。"现在，生态文明建设已经纳入中国国家发展总体布局，建设美丽中国已经成为中国人民心向往之的奋斗目标。""中国愿同各国一道，共同建设美丽的地球家园，共同构建人类命运共同体。"很明显，党的十八大提出的"加强生态文明建设"新理念蕴含的广义和深意，随着实践在不断延展。

党和政府高度重视黄河流域生态环境的保护和高质量发展。2019年9月，习近平在河南省主持召开黄河流域生态保护和高质量发展座谈会，强调共同抓好大保护，协同推进大治理，让黄河成为造福人民的幸福河。2020年6月初，习近平到宁夏考察，察看黄河生态环境保护情况。他强调黄河是中华民族的母亲河，是中华民族和中华文明赖以生存发展的宝贵资源。宁夏要有大局观念和责任担当，更加珍惜黄河，精心呵护黄河，坚持综合治理、系统治理、源头治理，明确黄河保护红线底线，统筹推进堤防建设、河道整治、滩区治理、生态修复等重大工程，守好改善生态环境的生命线。

保护生态环境对保护我国国宝大熊猫来说，有其实际意义。大熊猫秉性柔顺机灵，柔而能刚，在历史长河中渡过了一次次难关；其外表憨态可掬，人见人爱，深受世人喜爱。它是我国向世界传递友情的重要使者。保护好大熊猫，宣传大熊猫文化，对于世人深入了解中国文化、认识中国十分重要。保护好大熊猫是中国人的责任所在。大熊猫不断走出国门，向世界人民传送和平和友谊，已经成为中国外交的"第一代表"。

党和国家一直十分重视保护大熊猫，大熊猫是生态文明的象征。保护大熊猫就要保护大熊猫生长的自然生态环境。有力地促进生态多样性保护，是加强生态文明建设的重要内容。保护母亲河，守护大熊猫家园，已成为党和国家的共识，党中央和国务院及时决策，实施"天然林保护工程"，修复和改善退化的自然生态环境，加快修复和保护长江和黄河上中游生态屏障。党的十八大以来，习近平对长江经济带发展规划作出了各种重要指示，提出把长江经济带建设成为我国生态文明的先行示范带。他多次深入四川、重庆、上海、湖南、湖北等地，对与生态治理密切相关的企业、码头、工程、湿地修复地进行考察，为长江流域的生态治理和经济发展指方向。他在第二次推动长江经济带发展座谈会上强调："治好'长江病'，要科学运用中医整体观，追根溯源，诊断病因，找准病根，分类施策，系统治疗。""做到'治未病'，让母亲河永葆青春活力。"并指出"当前和今后相当长一个时期，要把修复长江生态环境摆在压倒性位置上，共抓大保护，不搞大开发。"长江是中华民族的母亲河，从中华民族长远利益考虑，必须走生态优先、绿色发展的道路。推进长江经济带发展，是党中央做出的重大战略决策，是关系国家全局的重大战略，以长江经济带发展推动全国经济的高质量发展，让长江生态文明建设成为推动全国经济发展的示范带。2021 年 3 月 1日，中国第一部有关流域保护的法律《中华人民共和国长江保护法》正式施行，立法保护长江一江清水向东流。目前，我国全面建立河长制、湖长制，有百万河长上岗治水治污，守护河流健康。

坚持绿色发展，必须打好打赢实现蓝天碧水净土硬仗。2018 年，习近平在全国生态环境保护大会上发表讲话，再三强调要坚决打赢污染防治攻坚战，推动我国生态文明建设迈上新台阶。生态文明建设是关系中华民族永续发展的根本大计，关系党的使命宗旨的重大政治问题，也是关系民生的重大社会问题。他指出，新时代推动生态文明建设要坚持以下原则：必须坚持人与自然和谐共生；贯彻绿水青山就是金山银山的理念；良好的生态环境是最普惠的民生福祉；山、水、林、田、湖、草是生命共同体，要统筹兼顾、整体施策、多措并举，全方位、全地域、全过程开展生态文明建设；用最严格制度、最严密法治保护生态环境；共谋全球生态文明建设，深度参与全球环境治理，形成世界环境保护和可持续发展的解决方案，引导应对气候变化国际合作。

2019年，习近平在参加他所在的十三届全国人大二次会议内蒙古代表团审议时强调，要保持加强生态文明建设战略定力，探索以生态优先、绿色发展为导向的高质量发展新路子，加大生态系统保护力度，打好污染防治攻坚战。

十八大以来，党和国家不断出硬招：2013年，国务院发布了《大气污染防治行动计划》十条措施。2015年4月，国务院发布了《水污染防治行动计划》。同年9月，《生态文明体制改革总体方案》出台，阐明了我国生态文明体制改革的指导思想、理念原则、目标以及实施保障。2018年，《关于全面加强生态环境保护坚决打好污染防治攻坚战的实施意见》出炉，提出到2020年的总目标：生态环境质量总体改善，主要污染物排放总量大幅减少，环境风险得到有效管控，生态环境保护水平同全面建成小康社会目标相适应。为了达到这一目标，我们要推动形成绿色发展方式和生活方式，坚决打赢蓝天保卫战，着力打好碧水保卫战，扎实推进净土保卫战。为坚持"绿色发展"，加快生态保护与修复、改革完善生态环境治理体系，2018年，领导干部自然资源资产离任审计全面推开。2019年，国务院办公厅印发了《中央生态环境保护督察工作规定》，把生态文明建设制度体系提升到新的水平，为依法推动环境保护督查向纵深发展发挥重要保障作用。几年来，从新修订的环保法到新修订的《大气污染防治法》《水污染防治法》《土壤污染防治法》，维护生态环境的法网越织越密，多项改革措施让环境法规制度成"带电的高压红线"。一大批地方党委不作为、乱作为，被点名批评；一大批企业弄虚作假，领导干部受处分；一大批无视环保法的企业，被下令整改、处以重罚。

硬仗艰苦，成效显赫。生态环境部发布公报称，全国生态环境质量持续改善，大气和水质进一步改善，主要污染排放总量和二氧化碳排放量进一步下降。新华社报道，2019 年 1 月至 4 月，长江经济带 I 至 III 类水质断面比例为 81.2%，同比上升 8.7%；劣 V 类比例为 1.3%，同比下降 2.2%。其地表水平总体优于全国平均水平，且呈好转趋势，长江经济带的确起了生态文明建设示范作用。

绿色理念推动绿色行动，创造绿色奇迹。1979 年，在邓小平的提议下，全国人大常委会通过了将每年的 3 月 12 日定为植树节的决议。至今，我国的国土绿化面积取得了实实在在的成就。据新华社报道，2019 年，我国天然林蓄积已从 20 年前的 90.73 亿立方米增加到 139.71 亿立方米。40 多年来，全国参加义务植树活动的人数超过 100 亿,植树达数百亿株。我们坚持实施"三北防护林工程""天然林保护工程""退耕还林工程",绿色在我国的国土上不断延伸,人工造林面积居全球第一,对全球植增量贡献比例亦居世界首位。至 2021 年,我国森林面积和蓄积量连续 30 年保持双增长,成为全球森林资源增长最多的国家。

第二十章　四川生态文明建设

·天府变天堂

从自然生态恶化，到生态觉醒，再到加强生态文明建设，四川省紧跟党中央的战略部署，于 1998 年在全国率先启动实施"天然林保护工程"，加快长江上游生态屏障的修复和保护工作。党的十八大以来，四川省坚持以"创新、协调、绿色、开放、共享"五大战略布局为导向，加强推进生态文明建设，确保全省经济社会持续健康发展，奋力谱写美丽中国四川篇。

2014 年，四川省委生态文明体制改革专项小组成立，审议实施了多个生态文明方面的改革方案，构建起生态文明制度的"四梁八柱"。2020 年，省政府出台了《关于落实生态保护红线、环境质量底线、资源利用上线制定生态环境准入清单实施生态环境分区管控的通知》，并公布了《四川省生态环境分区管控方案》，进一步明确了 2020 年、2025 年、2035 年的四川实施自然生态环境分区管控的主要目标，要逐步完善生态环境管控制度，最终基本实现美丽四川的目标。全省各地各部门进一步牢固树立"绿水青山就是金山银山"的理念，深化改革，接纳民间资本和社会力量，参与国土绿化、成果管护的活动。四川省从 2016 年就启动了"大规模绿化全川行动"。其中举措多多：

举措一："祛斑"。四川经过多轮国土绿化后，剩余的荒山荒地大都是综合治理难度大的石漠化、沙漠化土地要对这些土地进行重点补绿。

举措二："扫盲"。曾经年年造林不见林，城镇成了绿化"盲点"。通过实施"城乡一体绿化"，在百姓身边增大绿化空间，打造成都平原、川南、川东北和攀西四大森林城市群、森林小镇，实现森林进城、公园下乡。制定省级森林小镇认证和建设管理办法，包括乡镇森林绿地的增加、绿地景观化、树种搭配科学化。

举措三："止痛"。实施应绿尽绿，资金不充足始终是"痛点"，仅靠政府投入，以当时四川的状况，很难办到。鉴于群众参与造林的积极性很高，四川省政府大胆创新，接纳民间资本和社会力量，有效地克服了管护"痛点"。

举措四："封闭"。自从 1963 年四川开始建立自然保护区以来，目前全省已建立各级各类自然保护区 165 个，涵盖全省野生动植物多样性最丰富、自然风光最美丽的名山大川，形成类型多样、保护价值极高的自然保护区网络，有效保护长江、黄河的重要水源涵养地。

四川探索践行生态文明经历近半个世纪，路漫漫而硕果累累，自然生态建设成果辉煌。以大熊猫为主的国家和省重点保护的野生动植物及特有动植物种大部分得到了有效保护。绿色长城绵亘长江、黄河两岸，筑牢了长江、黄河中上游生态屏障，实现了山青地绿、应绿尽绿的美好愿景。自党的十八大以来，四川省政府对全省进行全覆盖污染防治，不断完善生态环境保护政策，从建立预防为主、谁污染谁治理、强化环境管理的"三项政策"到完善环境影响评价、排污收费、城市环保综合整治定量考核等"八项制度"，建立健全一系列体制机制。从此，四川省生态文明制度建设驶入"快车道"，省政府制定"生态地图"，将全省行政区域生态环境划分为优先保护、重点管控、一般管控三大类，落实生态环境保护质量目标管理、资源利用管理要求，严格保护重要生态空间。2020 年 4 月，四川省生态环境厅和重庆市生态环境局通过视频会议的方式，"云"签订了《深化川渝两地大气污染联合防治协议》《危险废物跨省市转移"白名单"合作机制》《联合执法工作机制》，这一份协议和两项合作机制，全力抓好国家重大战略机遇，一起奏好"生态曲"。这些措施都有力地推动了空气、水、土壤的污染防治工作，使全省自然生态环境质量得到持续改善。

2020年，四川省空气质量优良天数占全年比例达90.8%，比2015年上升5.6%；未达标城市PM2.5平均浓度为43 μg/m³，比2015年下降26.2%，全省空气质量总体大幅提升。碧水保卫战全面推进，自四川省启动河长、湖长制以来，全省河湖面貌大为改善。区域内各级河长、湖长认真作为，目前四川境内的黄河段已实现岸线、滩涂水域经营活动全部退出，基本实现流域内乱占、乱采、乱堆、乱建四乱问题的全面整治。长江、黄河的水质量明显提升，2018年四川全省地表水断面中，水质断面占比为88.5%，同比提升14.9%，曾经全省污染最严重的沱江到2019年水质优良率达到了81.2%，创近10年最好水平。据报道，2020年四川全省87个国考断面水质优良率达98.5%，10个出川断面水质全部达到优良标准。

2005年到2013年四川省首次开展土壤污染状况调查，随后全面启动土壤污染防治行动计划，完成了农用地土壤污染状况调查等。水土流失也是一个巨大的问题，经过10年努力，到2020年，全省水土流失面积为10.95万平方公里，相比2011年第一次全国水利普查减少31.15万平方公里，水土保持率提升2.35%。垃圾处理是关系到绿色发展、保护人类美好生活家园的大事，四川省对垃圾处理问题不断出"实招"，垃圾分类起步迟、迈步大，用多种方式建立和完善垃圾分类制度。2011年10月1日，《四川省城乡环境综合治理条例》开始施行，推动垃圾分类成为人们良好的生活习惯。

近年来，世界级的濒危鸟类四川山鹧鸪等在四川省陆续出现；极度濒危的疏花水柏枝在宜宾被发现；在深山，人们在多处多次发现非栖息地有大熊猫的行踪，它们扩大了栖息范围。它们的现身表明：长江的整体生态环境已经得到了优化。

四川省经过长期努力，根据以习近平为核心的党中央的决策和部署，制定《四川省加快推进生态文明建设实施方案》的目标等如期完满实现。随着森林植被的恢复，林业经济效益彰显，森林产业蓬勃发展，依靠林下种养殖业发展起来的四川省土特产品，如大巴山的银耳、米仓山的茶、大凉山的天麻，等等，成为市场的抢手货。目前，四川省的森林产品已发展到几百种，多家企业把他们的绿色产品推上了电商平台。

以前的不毛之地——乱石堆、荒山荒坡，而今漫山遍野长满了核桃树、苹果树、芒果树、柑橘树、樱桃树、柿子树、花椒树等。花果满山，使这里成了奔小康致富的"摇钱树"。通过大规模绿化全川活动，蜀山山山披绿，许多以前人迹罕至的地方都变成了旅游的好去处。全省旅游业蓬勃发展，农家乐、休闲度假村如雨后春笋，应运而生。2014年，四川提出森林康养理念，培育森林康养新业态。随着康养基地的逐步建成，为加强康养基地标准化建设，政府出台了多个地方标准文件，并于2019年制定了《森林康养基地评定办法（试行）》。

发挥资源优势，狠抓生态产业助脱贫。

大熊猫誉享全球。经过相关部门的比较分析，发展"1+10"特色生态产业契合四川省林草实际。"1"就是实施"大熊猫+"行动，布局建设环大熊猫国家公园生态旅游线路，建设大熊猫主题乐园、生态小镇、科普教育基地，构建高品质、多元化的大熊猫生态文化产品体系，打造旗舰级的大熊猫生态旅游服务业。"10"就是加快发展产业基础好、市场前景好的十大特色产业，包括木材、竹子、木本油料、森林药材、花卉苗木、林下经济、野生生物繁育利用、森林康养、草原湿地观光和现代草产业。

建设三区平台，狠抓生态创业助脱贫。

四川省的大熊猫国家公园、自然保护区、风景名胜区、森林公园等各类自然保护地大多地处贫困地区和边远地区，迫切需要融合推进保护与发展措施。在保护当地生态的前提下，大力支持社区居民和创业者在区内按规划创业，发展生态旅游、自然教育、文创产品等生态友好型产业。

2016 年，四川省政府出台了《关于推进绿色发展建设美丽四川的决定》，文件指出绿色发展是现代社会文明进步的重要标志，推进绿色发展关系人民福祉和民族的未来，要落实"五位一体"总体布局和"四个全面"战略布局，践行生态文明发展新理念的重大举措。文件还强调要坚持绿水青山就是金山银山，要把推进绿色发展融入"三大发展战略"，推进"两个跨越"的各方面和全过程。国土是生态文明的空间载体，要按照人口、资源、环境相均衡，经济、社会、生态三效益相统一的原则，整体谋划空间开发，落实主体功能规划，科学合理布局，规整生产、生活、生态三空间。

为加强生物多样性的保护，四川省政府实施建设野生动物保护工程。具体为推进濒危动物栖息地、基因交流走廊保护修复和野化放归基地建设；加强珍稀动物抢救性保护，建立极小种群动物园和种群基因保存库，增加自然保护区面积，在长江干流、金沙江及长江一级支流等重要生态区域划建一批自然保护小区；加快推进大熊猫国家公园体制试点工作，以保护大熊猫野生种群和栖息地为核心，整合跨地区、跨部门管护资源，把大熊猫国家公园建设成全球最著名、最具影响力的保护珍稀濒危物种及其栖息地的生态系统国家公园；推进自然保护区建设标准化、管理信息化、经营规模化。

· 大熊猫世界遗产保护地雅安

素以雨城著称的雅安市，是全国大熊猫栖息面积最大的地级市，该市地形地貌奇特，气候温暖，雨量充沛，森林密布，生态环境优良。境内生物种类繁多，是大熊猫、羚牛等珍稀动物的重要栖息地，国家先后在这里建立了蜂桶寨国家级自然保护区、喇叭河省级自然保护区和卧龙国家级自然保护区。这里的广大干部群众对人与自然和谐相处、践行生态文明有更多的感触。

1998年，雅安市坚持按照中央和省的决策部署，迅速启动天然林保护工程。当时全面停止天然林商品性采伐，市委、市政府深谋远虑，立足长远发展，坚持"生态立市，生态富市"可持续发展思路，不断推进天保工程建设，使雅安的山河更美丽，为全省建成长江上游生态屏障做出重要贡献。历届市委、市政府坚持生态第一，把资源优势转为经济优势，依照"生态建设产业化、产业建设生态化"新思路，把雅安独特的自然资源优势转化为经济发展优势。特别在党中央明确提出加强生态文明建设以来，雅安以习近平新时代中国特色社会主义思想为指导，深入领会习近平生态文明思想和习近平对四川省的一系列重要指示精神，认真落实省委、省政府的决策部署，加大力度实施生态修复和生态建设绿化国土工作。坚持生态优先，持续实施天然林保护、退耕还林等生态工程，取消经济林和公益林比例限制，鼓励退耕地经营权流转，吸引民间资金投入退耕还林建设，推动还林规模化建设。

雅安坚定走生态文明发展之路，大力推进绿色发展，加快资源优势向经济优势的转化，着力实施"千亿产业"行动，培育千亿汽车及机械装备制造产业集群、千亿新材料产业集群、千亿清洁能源产业集群、千亿农产品加工产业集群、千亿现代服务业产业集群，构建以汽车及机械装备制造、先进材料、清洁能源、农产品加工、现代服务业和大数据为主体的"5+1"绿色产业体系。

·生态文明建设多点开花

攀枝花

攀枝花市位于川西南、滇西北结合部，是全国唯一一个以花命名的城市。它地处金沙江干热河谷，生态脆弱，土壤松散贫瘠。虽然攀枝花市水资源总量丰富，但降水时空分布极不均匀，旱季、雨季分明，且其年蒸发量是年总降雨量的近3倍。

自1998年四川省委、省政府下发了《四川省人民政府关于实施天然林资源保护工程的决定》，攀枝花市在全国率先实施"天保工程"，全市全面停止天然林商品采伐，大力实施公益林建设，深入推进山水田林草湖生态修复工程，森林覆盖率在2020年已达到62.12%。随着大力实施空气、水、土污染防治计划，认真落实河（湖）长制，攀枝花环境空气良好率多年稳定在97%以上，地表水和饮用水持续达标。自然生态环境的持续改善为社会经济发展夯实了坚实的基础。

泸州

泸州市，地处四川省东南部、长江上游。改善这里的生态环境对整个长江的生态环境来说十分重要。泸州市自1998年开始实施"天保工程"，各级党政部门按照党中央战略决策和四川省委、省政府的部署，坚持"四个全面"战略布局和"五位一体"总布局，加快生态文明建设，修复和筑牢长江上游生态屏障，促进社会经济持续全面发展。

泸州市坚持实施"天保工程"。到2016年，全市累计完成公益林建设10.85万亩；实施森林管护373.75万亩；实施森林抚育38.2万亩。森林生态得到有效的恢复和改善，境内野生动植物明显增多，生物多样性得到有效保护，为国家未来发展积蓄了生物基因资源和战略资源。全市森林资源优势逐渐呈现。

宜宾

宜宾市，万里长江第一城，地处金沙江、岷江、长江三江交汇处，它所处的地理位置决定了它必须是长江水生态首城。这是省委、省政府对宜宾市的要求，也是宜宾市应负的历史责任。宜宾市委、市政府按照省委、省政府的部署，坚持绿色发展理念，牢牢守护生态家底，自觉担起长江生态首城的责任，全面践行新发展理念，加快把宜宾市建成全省经济副中心。为此，宜宾市始终把生态文明建设放在首位，坚持"共抓大保护，不搞大开发"，先后启动国家森林城市建设和长江生态综合治理工程，创建国家森林城市，到2019年，全市森林覆盖率已达45.83%。为切实筑牢长江生态屏障，宜宾市全面开展以城市水体生态修复和城市山体生态修复为主的"双修"工程，以保护长江为核心，实施长江生态综合治理，该工程跨翠屏、南溪等6个县区，按照"长江共抓大保护，不搞大开发"的要求，将这片区域打造成集生态防洪、健身休憩、文化展示为一体的生态滨江示范带。

随着生态环境的修复和改善，境内的蜀南竹海和兴文石海"两海"的生态文化旅游示范区应运而生。为加快宜宾长江生态第一城、国际旅游休闲目的地进一步发展，"两海"景区建设辐射带动所辖区域乡镇振兴。宜宾是著名的竹乡，竹资源丰优，近几年，其竹产业发展尤为惊人。这里已成为美丽四川的另一道风景线。

第二十一章　保护大熊猫的乐园

·推进元老保护区升级建设

从 1963 年开始，为保护我国以大熊猫为主的珍稀动植物，国家先后建立了一大批自然保护区，对保护我国的珍稀物种起了积极的作用。随后，国家实施"天然林保护工程"改善自然生态环境，这些"元老"自然保护区的升级也同步推进，各具特色和风采。

国家级示范自然保护区：卧龙

四川省卧龙国家级自然保护区于 1963 年建立，为中国最早建立的综合性国家级自然保护区之一。它的总面积为 20 万公顷，是以保护大熊猫为主的珍稀动植物和高山林业生态系统综合性自然保护区。到 2015 年，保护区境内国家级重点保护动物约 50 种，昆虫约 1700 种，植物近 4000 种，是非常宝贵的生物基因宝库。

为强化对大熊猫等野生动植物及其栖息地的保护，1983 年 3 月国务院批准将卧龙国家级自然保护区内汶川县的卧龙、耿达两个公社划定为汶川县卧龙特别行政区，由林业厅代管。同年 7 月，省政府、原林业部联合做出了将四川省汶川县卧龙特别行政区改为四川省汶川卧龙特别行政区的决定。

卧龙国家级自然保护区始终把握住"坚持生态文明建设，人与自然和谐发展"的理念，不断加强生态建设，认真落实科学发展观，探索出了有卧龙特色的自然保护模式。

全民参与，大熊猫栖息环境得到有效改善。保护区管理局局长、中国保护大熊猫研究中心原主任张和民推行保护区农户直接参与天然林"协议管护"模式。这一模式，将退耕还林与解决大熊猫主食——竹子的来源相结合，开辟人工种竹基地，使生活在保护区内的大熊猫，哪怕是遇到天然竹紧缺的情况，也不会愁吃的。

近年来，保护区创新思路，从 2014 年底开始开展"数字卧龙"建设，成为全国首个实现信息化管理的保护区。通过先进技术，保护区动态监测大熊猫等珍稀动物的生活景象，获得了大量的大熊猫、金丝猴、雪豹等动物的照片和信息。2014 年 7 月的一天，保护区巡逻队队员利用红外线触发相机，在老鸦山区域 10 平方公里范围内，捕获到 4 只野生大熊猫野外活动的影像，还采集到金丝猴、水鹿、毛冠鹿、藏酋猴、黑熊等多种动物的生活资料信息。2019年4月中旬，在保护区境内海拔2000米左右，红外线相机首次拍摄到白色大熊猫。这说明卧龙自然保护区野生动物的多样性、栖息环境的完整性都得到了有效保护。2015年，通过大熊猫DNA建档显示，卧龙国家级自然保护区拥有野生大熊猫140多只。2018年，卧龙开展新一轮大熊猫调查，发现大熊猫出没痕迹的次数越来越多。2019年，观测人员用摄像机在牛头山首次拍到2岁左右亚成体野生大熊猫双胞胎。此前，科学考察发现，野外大熊猫产双胞胎，往往会遗弃一崽，自己只养一只。这对双胞胎之所以能存活下来，专家认为是因为卧龙食物丰富不愁吃、育幼环境好，更有利于母兽抚养双胞胎。

2019年，卧龙国家级自然保护区森林覆盖率达62.5%，植被覆盖率超过98%，连续46年无森林火灾发生。

1. 统筹协调——百姓富裕生态美

卧龙国家级自然保护区通过全面完成"生态家园"建设，加快农村产业结构调整步伐，因地制宜，发展生态农业。为此，保护区组织群众参加特色养殖、烹调、羌绣等技能培训，举办现代畜牧、农业科技培训班，不断提高农牧民及失地农户的种养殖业技术水平，成效显著。

2. 攻坚克难——大熊猫繁育科研的旗帜

卧龙国家级自然保护区的大熊猫科研工作，无论规模和水平，在全国，乃至全世界都处于领先地位。

1983 年，当时正值箭竹开花，全国大熊猫面临断粮危机，于四川大学生物系毕业的张和民临危请命，要求到大熊猫灾情最严重的卧龙国家级自然保护区工作。1987 年，张和民被公派去美国攻读硕士学位，两年后，他放弃了留在美国的机会，又回到了卧龙。那时，中国的圈养大熊猫繁育正面临"发情、配种、育幼"三大难题。在过去 10 年中，只繁育了一只大熊猫幼崽，而那只幼崽只活了两年。张和民为改变这种状况，创新人才激励机制，大学生、研究生、博士生竞相奔赴卧龙，集聚成一支高水平的科研团队。

数十年来，这支科研团队一直致力于大熊猫的保护、人工繁育和野化放归研究，通过科学创新，成功地攻下了一个个技术难关。他们运用环境富集、诱导发情、创新饲料配方等技术，提高雌性大熊猫的发情率；开创精液采集、人工授精、种公兽培育、母兽排卵期综合检测等新技术，提高育龄雄兽自然交配率和雌性受孕率；育幼使用人工采奶、换崽技术、人工育幼，提高幼崽成活率。团队成功地解决了圈养繁育大熊猫的"三大技术难题"。为此，他们整整花了几十年的时光和心血，创建了世界上最大的大熊猫人工圈养种群。

目前，卧龙中国大熊猫保护研究中心已成为世界最大的大熊猫圈养繁育研究机构、国内科研合作的重要平台。它为大熊猫保护事业做出了重大贡献，是我国野生动植物保护领域的一面红旗。

3. 野化培训——放归科学研究的领头羊

圈养大熊猫的最终目的是为了将它们放归野外，以壮大野外种群数量。20 世纪 80 年代初，中国大熊猫保护研究中心一建立就开始圈养繁育大熊猫。紧接着，探索野外放归试验。经过一次次失败与成功，于 2003 年正式启动第一期放归项目。2006 年，中国保护大熊猫研究中心将圈养繁育的大熊猫祥祥在培训后放归野外，迈出了圈养繁育大熊猫走向野外的第一步，为大熊猫野外放归留下了宝贵的经验。

2010 年，卧龙中国大熊猫保护研究中心启动圈养大熊猫野化培训第二期项目。工作人员根据前一期的实践，改进了培训方法，将四只来自邛崃山系和岷山山系的大熊猫收入此次项目中。这四只大熊猫都救护于野外，有一定的野外生存经验。大熊猫淘淘在野化培训中经受住了环境和气候的考验，野外生存能力得到锻炼，于 2012 年秋天被放归野外。2013 年 11 月，大熊猫张想经过 26 个月的野化培训后，被放归野外。2019 年 3 月，雌性大熊猫草草被放回野外生活 2 个月，完成自然状态受孕后，于 5 月初回捕到基地待产，草草在 8 月 20 日顺利产下一对双胞胎，均为雄性，身体状况良好。2019 年 6 月，吉尼斯世界纪录为中国大熊猫保护研究中心颁发了"首例圈养大熊猫野外引种产下并存活的大熊猫双胞胎"吉尼斯世界纪录 TM 证书。这说明，卧龙自然保护区实行大熊猫救护、圈养繁育、放归野外，这"一条龙"的不懈探索研究是成功的。

华丽转身：唐家河自然保护区

唐家河自然保护区位于岷山山系东端摩天岭南麓，是以大熊猫及其栖息地为主要保护对象的森林和野生动物类型的自然保护区，总面积 4 万公顷。

1978 年以前，唐家河是绵阳地区伐木场的主要基地，于 1978 年建立自然保护区，1986 年被列为国家级自然保护区。之前，林区常年有近千名伐木工人在此砍树、运送木材，当地农户还在这里垦林、开荒种粮食。1973 年至 1976 年，这里的竹子大面积开花枯死。大熊猫食物来源短缺，加上人类活动的影响，林区多次发现大熊猫尸体，其他珍稀动物亦未能幸免，很多国家一级保护动物的种群数量迅速减少。

如今，唐家河国家级自然保护区呈现出一派欣欣向荣的景象。1978 年，为加强保护大熊猫等珍稀动物，国家建立了唐家河自然保护区。当地政府和群众热烈拥护，积极支持保护区的管理建设，帮助保护区管理处向广大群众进行广泛深入的生态教育活动。青川县县委、县政府用多种形式宣传保护大熊猫等珍稀动植物的重大意义，这些宣传活动收到了良好的效果，使保护大熊猫成为群众的自觉行动，形成良好的社会道德风尚。为此，政府出动宣传车，到全县每个乡镇巡回宣传保护大熊猫等珍稀物种的重要性，还在全县树立了保护大熊猫的石碑，使广大群众树立"爱家乡、爱自然、爱国宝"的光荣理念。

1978 年以前，唐家河境内森林覆盖率急剧下降，严重影响大熊猫等野生动物的栖息。保护区建立后，政府大力恢复森林植被，随着"天保工程"的实施，林地面积不断扩大，森林植被迅速恢复，区域内的野生动植物群也随之恢复发展。

首先，大熊猫种群活动的区域逐步外扩，近年来，这种迹象更加明显，以前没有出现过大熊猫活动迹象的地方，如今不断发现野生大熊猫的粪便、毛发。如今，保护区的工作人员巡逻时，野生大熊猫的遇见率超过60%。川金丝猴、扭角羚、黑熊、毛冠鹿等的活动踪迹也越来越频繁地被工作人员发现。可见这里的自然生态环境明显好转。

一批中外专家常年在这里观察以大熊猫为主的野生动物的野外生态。近年来，保护区开始构建较完备的现代化监测体系，记录检测动物活动、植物生长情况和其他有用的信息。根据收集到的信息，如大熊猫活动遇见率，专家就能推断出整个保护区内大熊猫的种群数量。根据监测，相关工作人员还能及时变更和调整保护区的管理策略。

近几年，通过信息管理与应用平台建设，"智慧唐家河"——野外监测网络工程和信息化平台成功建成，可收集区域内动物、植物、水文、气候、负氧离子等多种数据。巡逻人员配备了移动终端，可实现在巡逻过程中上报数据，核实、核查任务的功能。移动终端还可以自动收集巡逻人员的GPS轨迹，将巡护监测数据发送给数据中心，供系统储存管理和查询。这种巡护监测手段目前在国内自然保护区处于领先水平。建立的保护区管理处的内部管理系统平台，促使职工发扬主动精神，激发了员工的工作热情。目前，唐家河大熊猫自然保护区基本实现了以技术促保护、以智慧谋发展的构想。

· 保护大熊猫的网络已经形成

国家在启动"天保工程"加快改善生态环境、加强生态文明建设的同时，也大力提高对大熊猫等野生动植物的科学保护管理能力。2015 年，党中央和国务院就国家林业局报送的《关于全国第四次大熊猫调查结果的报告》指出要进一步提升大熊猫保护管理水平。"十三五"规划纲要明确提出，"强化自然保护区建设和管理，加大典型生态系统、物种、基因和景观多样性保护力度"。为实现这一目标，加快完善自然保护区网络建设，全面提高自然保护区管理系统精细化、信息化水平，优化保护管理空间和管护能力，加快建立健全大熊猫保护监测系统，国家林业局特别建立大熊猫保护管理信息平台，全面提高人熊猫管理的科学化和现代化水平。

我国从开展大熊猫保护工作以来，相关的科研工作已取得许多重要成果，这些成果都是科研人员在各种调查研究后才得到的。2016 年 8 月，四川省林业厅宣布，在全省启动首次野生大熊猫疫病本底调查与监测，这是国内首次开展类似的调查与监测。调查的范围包括卧龙、王朗、栗子坪、大相岭、小寨子沟、草坡、蜂桶寨、喇叭河、黑竹沟和千佛沟，都是四川省野生大熊猫的主要栖息地。调查和监测的主要方式为采集毛发、粪便等活动痕迹，利用现代生物技术进行研判分析，确定各区域野生大熊猫携带病原体情况，研究结果将用于野生大熊猫疫病防控。

由于大熊猫活动的隐蔽性，以前对大熊猫的研究都以种群为单位，缺少对个体的研究和判断，科研人员一直无法掌握个体详情。2015 年，四川省开始通过大熊猫的粪便、毛发、足迹等提取DNA，建立数据库，为大熊猫办"身份证"。每一组 DNA 分子探针便是大熊猫的"遗传身份证"，能够读出大熊猫的性别、年龄及在栖息地的生活状况等。"遗传身份证"可以避免近亲繁殖。综合分析 DNA 中的个体基因信息，研判个体遗传疾病，可及时对其采取人工干预；研判个体的生理状况，若个体有任何疾病或遇到意外，还可及时对其开展救助救护，实现大熊猫从种群保护精细到个体保护。业务管理部门认为，目前四川省野生大熊猫的精细管理已经初步实现。

· 大熊猫很幸运地走出濒危处境

我国大熊猫受到世人珍爱，是人类最为宝贵的自然遗产之一。人工圈养繁育大熊猫后代可以补充野外种群数量以保障遗传多样性，是恢复和重建野外大熊猫种群的重要手段。

1980 年，中国政府与世界自然基金会达成协议，在卧龙国家级自然保护区建立中国大熊猫保护研究中心。研究中心于 1983 年建成并投入使用，开展人熊猫饲养繁育研究和人工圈养繁殖科学研究。后又建立成都大熊猫繁育研究基地，并在国内多个动物园广泛开展大熊猫饲养繁育研究。开始，圈养大熊猫繁育少、幼崽成活率低，圈养大熊猫的数量，主要依靠从野外捕捉病饿个体来维系。

大熊猫繁育率如此低，主要受其自身生理特性制约。雌性大熊猫一年只发情一次，而且最佳受精时间非常短，很难用常规手段配种。加之，多数大熊猫有消化道方面的疾病，有很大概率导致其丧失生育能力。而且传统圈养大熊猫受孕采取多雄配多雌，这样容易导致近亲繁殖，无法实施种群管理。这三种因素的叠加成为大熊猫种群复壮的最大难题。为此，中国大熊猫保护研究中心一直坚持开展大熊猫繁育生物学、保护遗传学及应用项目研究。

当初，所有的工作都是开创性的，面临诸多困难。成都大熊猫繁育研究基地早期资金投入少，技术人员更少。而大熊猫的繁育研究必须积累足够的样本，要求技术人员的研究从每天采集大熊猫的尿液开始。当时，基地恰恰缺乏采集检测大熊猫尿液的技术人员，不得不派出研究人员远赴国外学习并掌握相关技术。随着时光的推移，三大难题逐一破解。

破解大熊猫繁育密码的第一关，是要提高大熊猫的受孕成功率。

为捕捉大熊猫最佳受精时机，每年雌性大熊猫发情的时候，所有的工作人员都住在大熊猫圈舍周围，观察大熊猫的一举一动。经过一次次失败，历时多年的大熊猫繁殖生物学与保护遗传学研究初步攻克了圈养大熊猫繁殖、健康与种群遗传管理三方面的关键技术难关。这一项目，先后获得多项发明专利。在长期对大熊猫遗传标记的筛选及测定方法标准化的研究中，工作人员建立并不断完善了大熊猫的亲子鉴定档案，全部录入大熊猫国际谱系。对圈养大熊猫种群实施科学遗传管理，为建立大熊猫遗传基因库和种群数据库等提供了相关的技术支撑。

为避免近亲繁殖，大熊猫的谱系是否清晰十分关键。国家林业局制订了专门的优化繁育配对方案，凡是有害大熊猫种群健康的配对，坚决不纳入繁殖计划，确保种群维持高水平的遗传多样性，成为一个健康有活力的种群。

圈养繁育大熊猫的最终目的是恢复重建野生大熊猫种群，增加种群数量。而大熊猫放归自然是否成功，首先要看它能否在野外恶劣的环境中生存下来。其次，看它能否找到适合的配偶，生儿育女，延续后代，实现种群延续。

我国圈养繁育大熊猫正式放归始于 2006 年。圈养亚成体大熊猫祥祥在经过放归野外野化培训后，被放归山林，但最终它因与其他大熊猫打斗受伤死于密林中。在其被放归山林不到一年的时间里，几次在同野外大熊猫的打斗中受伤。这说明圈养的舒适环境减弱了其打斗的能力，使其遗忘了与强敌相遇需避让的本性。

在进行大熊猫圈养繁育放归的过程中，中国大熊猫保护研究中心不断探索改进放归前的野化培训模式并精选放归对象。如草草，它本身是野生的，它生的淘淘、华娇从小就与圈养大熊猫的后代不一样。这是大熊猫被放归野外后，第一时间就能适应野外生活的关键。父母或父母中的一方为野外种群的后代比圈养大熊猫的后代要更壮实，野外适应性更好、野外生存能力更强。张想的母亲张卡就是从野外捕救的"灾民"。如今，我国的大熊猫野化放归工作已逐步走向成熟、规范化。

四川省紧跟党中央的战略部署，认真践行生态文明理念，走生态文明发展之路，不断加强生态文明建设，自然生态、社会生态已发生天翻地覆的变化，人与人、人与自然和谐相处，共生共荣。2016年5月22日，据新华社报道，截至当时，全国共建有自然保护区2740个，总面积达147万平方公里，约占陆地国土面积的14.83%，高于世界平均水平。部分珍稀濒危物种种群逐渐恢复，其中大熊猫野生种群数量达到1800只，受威胁等级从濒危降为易危。世界自然保护联盟发布报告，将大熊猫从濒危野生物种调至易危野生物种。

今天，大熊猫的绝处逢生，是生态文明建设奏响的一曲凯歌。

不信东风唤不回

　　笔者曾在自己编写的《大熊猫世界》一书中，引用了一句诗，"不信东风唤不回"，而《大熊猫与生态文明》这本书我还是想引用一句诗来做结尾，"野火烧不尽，春风吹又生"。今天春风回来了。这春风，就是党的十八大提出的"加强生态文明建设"的新理念，就是新时代习近平生态文明思想。

　　"生态兴，则文明兴"，习近平将"生态文明"表述为"绿水青山就是金山银山"，人人都读得懂、乐意行。大熊猫文化所体现的生态文明，是我国开展国际合作的"元勋"。早期，它们充当中国的友好使者，履行和平共处五项原则，一一走出国门。今天，全球都在热谈大熊猫文化，生态文明这盏永不熄灭的灯照耀着宇宙万物和人类的过去、现在和未来，我坚信人类的未来将越来越美好！

我曾是《四川日报》的记者，如今早已退休。20 世纪 80 年代初，我国大熊猫因自然失衡而受灾，我采访并报道了全国及世界抢救大熊猫的活动，并著有《大熊猫世界》一书。之后我继续收集资料，拟编写《大熊猫大事记》。党的十八大首次提出"加强生态文明建设"后，我便决定写《大熊猫与生态文明》一书。

大熊猫是我国的国宝，人见人爱。本书以大熊猫为媒介，阐扬习近平生态文明思想深厚的文化底蕴和伟大的实践价值，让世人读懂中国，让我们加力推进构建人类命运共同体，加快世界发展模式转型，共创人类和平、美好、幸福的未来。